总体国家安全观系列丛书

资源能源与国家安全

Resources, Energy and National Security

总体国家安全观研究中心　　著
中国现代国际关系研究院

时事出版社
北京

编委会主任

袁　鹏

编委会成员

袁　鹏　傅梦孜　胡继平

傅小强　张　力　王鸿刚

张　健

主　编

赵宏图

撰稿人

赵宏图　梁建武　曹　廷

王　聪　马　雪　尚　月

董一凡　韩一元　韩立群

总体国家安全观
系列丛书

《资源能源与国家安全》
分册

总　序

东风有信，花开有期。继成功推出"总体国家安全观系列丛书"第一辑之后，时隔一年，在第七个全民国家安全教育日来临之际，"总体国家安全观系列丛书"第二辑又如约与读者朋友们见面了。

2021年丛书的第一辑，聚焦《地理与国家安全》《历史与国家安全》《文化与国家安全》《生物安全与国家安全》《大国兴衰与国家安全》《百年变局与国家安全》六个主题，凭借厚重的选题、扎实的内容、鲜活的文风、独特的装帧，一经面世，好评不断。这既在预料之中，毕竟这套书是用了心思、花了心血的，又颇感惊喜，说明国人对学习和运用总体国家安全观的理论自觉和战略自觉空前高涨，对国家安全知识的渴望越来越迫切。

在此之后，总体国家安全观的思想理论体系又有了新的发展，"国家安全学"一级学科也全面落地，总体国家安全观研究中心的各项工作也全面启动。同时，中国面临的国家安全形势更加深刻复杂，国际局势更加动荡不宁。为此，我们决定延续编撰丛书第一辑的初心，延展对总体国家安全观的研究和宣介，由此有了手头丛书的第二辑。

装帧未变，只是变了封面的底色；风格未变，只是拓展了研究的领域。依然是六册，主题分别是《人口与国家安全》《气候变化与国家安全》《网络与国家安全》《金融与国家安全》《资源能源与国家安全》《新疆域与国家安全》。主题和内容是我们精心选定和谋划的，既是总体国家安全观研究中心成立以来的一次成果展示，也是中国现代国际关系研究院对国家安全研究的一种开拓。

与丛书第一辑全景式、大视野、"致广大"式解读国家安全相比，第二辑的选题颇有"尽精微"之意，我们有意将视角聚焦到了国家安全的不同领域，特别是一些最前沿的领域：

在《人口与国家安全》一书中，我们突出总体国家安全观中以人民安全为宗旨这根主线，强调"民惟邦本，本固邦宁"。尝试探求人口数量、结构、素质、分布和迁移等要素，以及它们如何与经济、社会、资源和环境相互协调，最终落到其对国家安全的影响。

在《气候变化与国家安全》一书中，我们研究气候变化如何影响人类的生产生活方式和社会组织形态，如何影响国家的生存与发展，以及由此带来的国家安全风险。从一个新的视角理解统筹发展和安全的深刻内涵。

在《网络与国家安全》一书中，读者可以看到，从数据安全到算法操纵，从信息茧房到深度造假，从根服务器到"元宇宙"，从黑客攻击到网络战，种种现象的背后，无不包含深刻的国家安全因素。数字经济时代，不理解网络，不进入网络，不掌握网络，就无法有效维护国家安全和理解国家安全的重要意义。

在《金融与国家安全》一书中，我们聚焦金融实力是强国标配、金融紊乱易触发系统性风险等问题，从对"美日广场协议""东南亚金融海啸""美国次贷危机"等教训的省思中，探讨如何规避金融领域的"灰犀牛"和"黑天鹅"，确保国家金融安全。

在《资源能源与国家安全》一书中，我们考察了从石器时代、金属时代到钢铁时代，从薪柴、煤炭到化石燃料、新能源的演进过程，重在思考资源能源既是人类生存的前提，更是国家发展的基础、国家安全的保障。

在《新疆域与国家安全》一书中，我们把目光投向星辰大海，放眼太空、极地、深海，探讨这些未知或并不熟知的领域如何影响国家安全。

上述六个主题，只是总体国家安全观关照的新时代国家安全的一小部分领域，这就意味着，今后我们还要编撰第三辑、第四辑。这正是我们成立总体国家安全观研究中心的初衷。希望这些研究能使更多的人理解和应用总体国家安全观，不断增强国家安全意识，共同支持和推动国家安全研究和国家安全学一级学科建设。

"今年花胜去年红。"我们期待，这套"总体国家安全观系列丛书"的第二辑依然能够获得读者们的青睐，也欢迎提出意见和建议，便于我们不断修正、完善、改进。

是为序。

总体国家安全观研究中心秘书长　　袁鹏
中国现代国际关系研究院院长

前　言

　　资源是人类生存的前提，对资源的开发与利用贯穿人类文明进步的始终。在迄今人类文明经历的原始社会、农业社会和工业社会，从资源开发与利用的视角，可以分别称为石器时代、金属时代和钢铁时代。在人类发展漫长岁月中，有的资源一直很重要，有的资源则伴随时代发展产生不同的意义。淡水、耕地、草原、渔场不管是在农业时代还是在工业时代，都是统治者必争必保的资源，而石油、天然气等资源在农业时代不被重视，到现代却是支撑经济发展的重要支柱。未来，技术进步将进一步拓宽人类资源利用的深度和广度。伴随新一轮科技革命和工业革命，化石能源、矿产等传统资源的重要性将有所减弱，新兴资源能源以及技术和信息等社会资源的作用将显著上升。

　　资源是国家发展的重要基础，是工业的血液和国家现代化的重要动力，资源安全历来备受各国重视。随着人类社会的进步，资源安全与经济安全、生态安全乃至军事安全等的关系越来越密切，成为各国国家安全战略的重要组成部分。全球资源总量相对充足，但供需失衡、自然灾害、地缘政治和市场博弈等引发的短缺仍不可避免。资源安全既是许多国家政治与外交政策的主要目标，也是一些国家政治与外交政策的主要手段，资源主导权之争成为许多国际冲突的根源和国际安全的重要议题。

推动实现更高水平的资源安全是贯彻落实总体国家安全观的重要组成部分，是实现第二个百年奋斗目标、实现中华民族伟大复兴的战略保障。习近平总书记多次强调，能源安全是关系国家经济社会发展的全局性、战略性问题，要大力节约集约利用资源，建立健全绿色低碳循环发展的经济体系。党的十九届五中全会强调要"保障能源和战略性矿产资源安全"，十九届六中全会通过的《中共中央关于党的百年奋斗重大成就和历史经验的决议》，指出要"保障粮食安全、能源资源安全、产业链供应链安全"。2021 年 10 月 21 日，习近平总书记在视察胜利油田时进一步强调："石油能源建设对我们国家意义重大，中国作为制造业大国，要发展实体经济，能源的饭碗必须端在自己手里。"

在框架结构上，本书以总体国家安全观为指导，以资源能源与国家安全的关系为主题，共分八章，包括：资源与人类文明、农业资源与国家安全、矿产与国家兴衰、化石能源与工业社会、资源输出国的"诅咒"、后化石时代能源版图、新兴资源、资源安全新思路。本书试图从资源与人类社会进步、国家发展、资源安全及国际战略竞争等视角，重点关注农业资源、矿产资源、化石能源、新能源与可再生能源及新兴资源等领域，多视角、多维度探讨资源与国家安全的关系。全书兼顾专业性与知识性，希望有助于增强人们对资源与国家安全关系的全方位认知，加深对新时代中国资源安全观的了解。

《资源能源与国家安全》课题组

目　录

目录

目录

9

以保障安全为前提
构建现代资源体系

第一章

资源与人类文明

　　资源是人类生存与发展的基础。从某种意义上说，人类文明史也是一部资源开发与利用的历史。相对于其他生物，人类既能被动适应自然环境变化，又能主动地创造出工具利用各种资源以改造自然环境。人类社会开发与利用自然资源的方式即为生产方式，不同历史时期标志性工具的进步也对应生产力水平的提升。在迄今人类文明经历的原始社会、农业社会和工业社会，从资源开发与利用的视角，也可以分别称为石器时代、金属时代和钢铁时代。

　　资源是个历史概念，其范畴随着人类认识的深化和科学技术的进步而不断拓展。火的使用使人成为人，驯化植物和动物使人类得以获取更多、更稳定的物质和能量来源进而开启了农业革命。而到了工业社会，矿产资源和化石能源成为工业发展的血液和国家现代化的重要动力。未来，技术进步将进一步拓宽人类利用资源的深度和广度，可供利用的资源能源种类将越来越丰富、越来越高效、越来越清洁，合成材料也将越来越多，空间上亦将超越地球延伸至月球等太空资源。

金木水火土：资源是什么？

资源是指在一定条件下能为人类所用的物质、能源或信息等。一切可能为人类所利用的自然物，当尚未认识其使用价值或不了解如何利用前，还不能称其为资源。同样是石头，有的是资源，有的就不是，有的今天不是，明天随着需求和利用条件的变化而成为重要资源。在石器时代，地下矿产资源并不为人类所认识，更谈不上利用。到了现代社会，煤化工技术使煤焦油从令人生厌的废弃垃圾变成可获得多种产品的珍贵财富，晶体管使半导体成为电子技术革命的重要材料。

在不同的场合和时代，资源也被赋予了不同的意义。随着工业文明逐渐替代农业文明，资源禀赋的重要性亦发生了变化。煤炭、石油和天然气等矿物燃料对农业社会影响不大，但却极大地影响着工业社会的发展速度和国家的兴衰。在信息社会，能源、矿产等传统资源的重要性将逐渐减弱，知识、技术和信息等新兴资源的作用将显著上升。

有用即真理

地球是资源之源，自然界的各种物质和能量因为人类的需要而具有资源意义。众多资源定义虽各有不同，但均突出强调资源要能被用来服务于人类的目的，即有用性和价值性。阿兰·兰德尔将资源定义为"由人发现的有用途和有价值的物质"。地理学家金梅曼（Zimmermann）指出，整个环境或其某个部分，只要能满足人类的需要，就是自然资源。联合国环境规划署（UNEP）将资源定义为："在一定时间、地点的条件下能够产生经济价值，以提高人类当前和未来福利的自然因素和条件。"《大英百科全书》认为："所谓资源是人类可以利用的自然生成物，以及形成这些成分的源泉的环境功能。"

人们常用的是狭义上的资源概念，即自然资源，指自然界中存在的能够为人类生存与发展提供某种服务或财富的自然要素或条件。在自然资源中，能源（石油）和矿产资源占有突出地位，土地、水、粮食、大气、空间、森林等资源也不可或缺。按照不同标准，自然资源又可以分成若干不同的类别。如按照自然资源形态，可以分为土地资源、气候资源、水资源、生物资源、矿产资源、环境资源六大类。在国土资源开发中，自然资源包括土地资源、气候资源、水资源、生物资源、矿产资源、海洋资源、能源资源、旅游资源等。

面对五花八门的自然资源分类，蕴含着我国古代智慧的"五行说"不失为一种恰当而形象的概括,也可以涵盖当今自然资源中的绝大部分。根据"五行说",自然由"金、木、水、火、土"构成,"金"指金属,可泛指矿产资源,包括金属矿产和非金属矿产资源;"木"指草木,泛指植物,进一步可引申为生物和农业资源;"水"指水资源,包括地表水和地下水资源等;"火"可引申为能源资源;"土"指土地,泛指耕地资源。"五行说"认为金木水火土是构成物质世界所不可缺少的最基本物质,这五种最基本物质之间的相互滋生、相互制约的运动变化构成了物质世界。

数量有限的可再生资源

根据能否依靠自然力保持或增加蕴藏量,自然资源可以分为不可再生资源和可再生资源两大类。不可再生资源,也即耗竭性资源,是指无论是自然作用还是人为作用都无法增加其蕴藏量的自然资源。根据是否可以循环利用,又可以把不可再生资源划分为可循环利用和不可循环利用资源。可循环利用资源包括各种金属矿物及部分非金属矿物等,其主要特征是进入生产和生活系统后,可以通过回收利用的方式多次使用。而不可循环利用资源包括石油、天然气、煤炭等,在使用后就被消耗掉,无法通过回收等方式实现再次利用。

可再生资源是指在自然力或者在人工干预下能够通过生物繁

殖、自然界物质循环的方式保持、增加和恢复蕴藏量的自然资源。根据是否以生命形式存在，可以把可再生资源分为生物资源和非生物资源。生物资源主要包括植物资源、动物资源和微生物资源，而非生物资源则主要包括水资源、风和潮汐等。但可再生资源是否再生也不是绝对的。尤其是生物资源，如果利用不当，消耗速度超过其更新速度，就会向耗竭性自然资源转变。

不过，资源的耗竭性与资源的总量及使用年限并不存在必然的联系。有些资源不可再生但规模异常庞大，可以供人类使用很长的时间。而有些资源虽然可以再生，但数量极为有限。木材、农田、牧场、水、泥炭等资源均能自我再生，但再生速度太慢，一旦人口膨胀或遭到破坏，就很容易耗净。而煤炭、石油、铁等资源尽管不可再生，但在现有消费水平下，仍可供人类使用很多年，甚至到这些资源退出历史舞台中央的那一刻，地下仍有丰富的储量。

从单一到合成

迄今人类开发和利用自然资源的历史，大体经历了从地上到地下、从动植物资源到矿产资源、从生活资料到生产资料的发展过程。大部分时间内，地上的动植物资源是人类资源利用的主体。远古时代，人类以采集和狩猎为主，主要利用的是野生动植物资源。农业革命后，进入了以种植业和畜牧业为主的土地资源开发与利用时期。而到了工业社会,人类的自然资源利用进入以工业化为主的地下矿产资源开发与利用时期。大规模地下矿产资源的开发与利用,为人类摆脱贫困和保持财富稳定增长提供了空前的动力与机遇。

从形态看,自然资源的开发和利用史也经历了一个从单一到合成、从简单到复杂的演变过程。旧石器时代,通过对自然石料的简单加工,人类狩猎和采集的对象进一步扩大,可资利用的动植物资源进一步增多。而在金属时代,人类通过对铜、铁等进行加工、冶炼等使工具发生革命性变化,从而进入文明社会。到了工业社会,以钢(铁碳合金)的诞生为标志,人类的自然资源利用也进入了合成材料时代,镍、铬、钛、钴、钨及钼等各类金属合金的广泛开发和利用使大机器化生产成为可能,带动人类文明突飞猛进。

非金属合成材料也得到极大发展,进一步扩大了自然资源利用的范围。非金属合成材料由无机和有机两大非金属矿物组成。如水泥是一种钙、铝和硅的无机合成材料,通过高温烧结而成,广泛应用于建筑、水利、道路、工业和军事设施工程,其产量超出黑色和有色金属产量的总和。化肥是产量仅次于水泥的无机合成材料,此外超导材料、光导材料、新型陶瓷材料和各类敏感元件材料也因航天、激光、计算机等的发展而生。

塑料、橡胶和化纤等众多有机合成材料是建立在碳及其衍生物基础上的聚合物类矿产品，具有比重小、强度高、耐腐蚀、绝缘性能好等优良性能，常常成为金属合成材料的替代物。19 世纪 70 年代，主要通过碳化钙（电石）和水的反应来合成乙烷和乙烯等基础合成材料。进入 20 世纪后，有机合成材料的发展从低碳分子进入高碳分子生产（裂解）和聚合阶段。到了 20 世纪 60 年代，世界有机合成材料的 80%—90% 是在以油气为原料的基础上生产的。迄今为止，人类社会生产的各类有机合成材料超过 500 万种。

资源稀缺的绝对与相对

在一定的社会经济和技术水平条件下，人类利用自然资源的能力和范围是有限的。不过，资源稀缺在很大程度上是个经济学概念，"没有稀缺，就没有经济学"。瑞士洛桑学派经济学家瓦尔拉斯认为，任何有用的东西，只要不稀缺就没有价值，而稀缺性是决定资源价值的核心。世界知名经济学家马歇尔认为，经济上有价值资源的稀缺程度可以通过价格得到反映，资源越稀缺价格越高。当稀缺自然资源的价值得到充分体现时，通过市场价格机制可以达到资源的优化配置，从消费和供应两个方面调节资源稀缺。

随着社会与技术的进步，可供人类利用的资源种类和范围会出现较大变化，一些历史上相对稀缺的资源变得不再稀缺，如盐、铝等。工业革命以来，土地、森林等本来十分丰裕的自然资源和矿产、石油等新发现的自然资源，由于社会需求的迅速增长而变得日益稀缺。今天，清洁的空气和淡水资源等传统上的自由取用之物也逐渐变成稀缺资源。还有一些自然资源在总供给上能满足人类需求，但因时空分布不均和经济发展水平差异等造成局部稀缺。如我国西气东输、南水北调、北煤南运、西电东送等都属于稀缺资源的空间配置。

人类现在利用的很多资源都不同程度的存在着替代品，在技术、价格、人们生活方式等发生变化后，对某种资源的需求趋势也发生改变。人类需要的是金属和化石燃料提供的服务，而不是这些资源本身。例如过去人们使用电话线导致铜需求不断增加，光纤和移动通信成熟应用后，通信领域对铜的需求显著降低。20世纪70年代全球水银产量一度出现峰值，价格高涨。但随着人们认识到水银进入食物链严重破坏人类免疫、基因和神经系统后，水银被锌、镍镉、陶瓷和有机化合物等大量替代，全球水银生产迅速下降。

资源的循环利用比重显著上升。在发达国家，有色金属再生已成为独立工业体系。2000年，全球再生钢消费量与原生钢之比达48.3%，再生铝与原生铝之比达32.9%。在德国，从次生原料和废钢中获取的钢材已经占到钢材产量的一半。平均每辆汽车含有500多千克钢，从中可以回收近一半。在所发现的黄金中，高达85%至今还在使用。重复利用既可以降低处理费用，还可以减少环境污染，废弃物资源化和综合利用在世界范围内已成为越来越大的行业。

总之，世界资源的供给量取决于需求、价格和技术等诸多因素。从某种意义上说，地球上的资源永远不会枯竭。原沙特石油部长扎基·亚马尼多次指出，"石器时代的终结并非源于缺少石头，同样石油时代也不会因为石油枯竭而消亡，相反，创新性和科技等使得我们不会用尽石油而终结石油时代。"不过，对可耗竭资源的大量开采、过度消耗，和对可再生资源的不当利用等，会破坏生态系统、恶化环境。随着人类社会的发展，人与自然资源、环境之间的矛盾日益加剧。为解决人口、资源、环境问题，可持续发展在20世纪90年代被提出，成为21世纪人类共同的发展目标。

从"石器时代"到"钢铁时代"

主要资源的开发和利用及配置方式决定着人类社会发展的物质基础和世界政治经济基本格局。人类文明的历史在很大程度上就是利用各种自然资源制造东西的历史，社会发展的各阶段与主导资源的利用相对应。在史前及古代史上，人类经历了资源开发的"石器时代""铜器时代"和"铁器时代"。工业革命以来，人类社会进入对自然资源大规模、高强度开发利用的"钢铁时代"，出现了前所未有的经济繁荣。进入 20 世纪，人类对自然资源的消耗成倍增长，1901—1997 年，全世界采出的矿物原料价值增长了近 10 倍。

人类出现后的大部分时间内，只能被动适应大自然。进入新石器时代后，凭借简单的生产工具，开始了种植业和畜牧业的发展，但农业生产规模相对较小。发明铁器后，人类对自然资源的利用能力大大提高，耕地能够带来稳定的食物来源，人口以较快的速度增长，不过仍以动植物资源为主。蒸汽机的运用极大地提高了人类改造世界的能力，人类开始大量开采各类矿产资源，并通过化工技术等实现了对资源能源的深度加工与利用。

自然资源与文明的起源

自然环境的不同使地球上不同的地方拥有不同的资源禀赋，进而导致了不同的经济和社会演化路径。在原始社会，人类通过猎取动物和采集植物果实来获取食物，以动物的毛皮和植物的茎秆作为简单的衣物取暖。河流和土地资源较好的地域形成了最早的农业社会，两河流域、尼罗河谷、印度河和黄河流域等地丰裕的水流和肥沃的土地养育了人类古代四大文明。"古代文明恰如事先约定一般，都以这一干旱地带的正中或者其边缘的热带干旱草原作为建立的基地。"

　　两河流域之所以成为人类农业文明的发源地，一个重要的原因是这里适合人类驯化的野生哺乳动物和植物资源远多于其他地区。两河流域的新月沃地和欧亚大陆西部地中海气候带的一些其他地区，拥有全世界 56 种最有价值的野生禾本科植物的 32 种，拥有世界上 5 种最重要的已被驯化的大型哺乳动物中的 4 种（山羊、绵羊、猪和牛）。与欧亚大陆的隔离使得美洲没有绵羊、山羊、马和牛等，从而影响了那里的农业和运输。尽管美洲土著很早就知道轮子的原理，但是因为没有畜力而形成了落后的运输

＞ 石器时代的工具

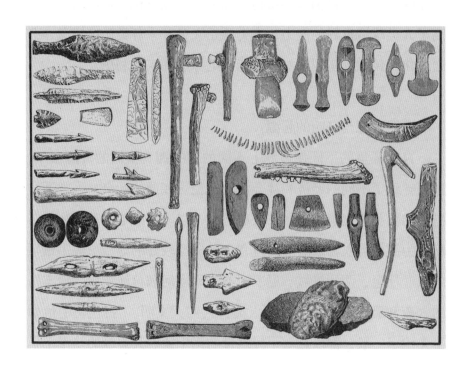

方式。

在原始的生存环境下，石头是人类满足生存需求的重要物质资源，也由此开始了漫长的"石器时代"。人们把燧石制成刀、锯、凿等不同工具，用作狩猎武器和伐木工具，这时人类对"石头"的开发利用还处在对自然石料简单加工的萌芽阶段。此后为了改善生存条件，磨制石器和陶器制品逐渐取代打制石器成为人类主导工具和武器，人类也逐渐进入新石器时代。制作技术从凿、砍、切发展到磨、削、钻等多种技巧，人类生存方式也经历了从生食到熟食再到食物储备、从动植物皮简单包裹到初步缝制的衣物、从天然岩石洞穴和大树干到简易居所的飞跃。

石器制作技术的革新使人类社会发生了根本性变革，从依赖天然赏赐食物过渡到自我生产阶段。在新石器时代，人类历史上爆发了第一次产业革命——农业革命。人类发明了种植和养殖技术，在尼罗河流域、两河流域等地区开始形成了农业人口的定居区。人类从游移不定的采集渔猎转变为相对稳定的动物养殖和植物种植。农业种植、畜牧饲养、陶器制作和动植物纤维纺织等不断出现，社会生产从原始的单一形态逐渐多样化，家庭工艺、手工业逐渐兴起，人类社会生产出现分工，生产组织形式逐渐分化。

金属时代与古代文明

根据史前考古的发现，大约在1万年前（公元前8000年）人类就开始学会了使用金属矿物。铜是人类最早认识和使用的金属之一，是人类进入金属时代的标志。约在公元前1400年，人工炼铁开始出现，两河流域和古埃及等地逐渐进入铁器时代。从人类社会历史分期的角度看，青铜时代对应着文字、国家和奴隶制社会及古代文明的序幕，而铁器时代则对应着封建社会和农业社会的高级阶段。

在奴隶社会，青铜用来做人类的主要器皿、武器和工具，也被称为青铜时代。天然铜和早期冶炼的铜没有掺入其他金属，成为红铜，后来在铜中加入适量的锡，以降低熔点和改善硬度，即锡青铜，通称为"青铜"。约在公元前8000年，美索不达米亚地区开始出现天然铜饰物，约公元前4000年在土耳其和伊朗境内出现最早冶铜技术。中国铜器铸造技术在商代中期有较大发展，周朝、春秋战国时期铜器种类更为丰富，制作工艺更为精湛，到了秦汉时期，我国铜器不仅品种多样，而且转入规格化制作。

相对而言，铁器质地更为坚硬、矿藏分布更为普遍。铁器的出现，使广阔森林地区的开垦和更大面积农田的耕作成为可能，推动了人类历史划时代进步。世界上最早进行人工炼铁的是公元前1400年左右居住在小亚细亚的赫梯人，公元前1300年至公元前1100年，冶铁技术传入两河流域和古埃及，欧洲的部分地区于公元前1000年左右也进入铁器时代。当时冶炼的都是天然铁块，一直到中世纪末（1400年左右）欧洲发明水力鼓风炉以后，才出现冶炼生铁。

铁器的发展加大了水利、交通和城市等主要社会基础设施的建设，刺激了农业和矿业（采石及有色金属采掘业）的发展。亚洲地区出现了精耕细作的桑田鱼塘和长距离的运河工程，欧洲昔日的原始森林变成了大片麦田。东西方都在进行大型庙宇、宫殿、道路及文化与军事防卫设施的建设，如罗马帝国的竞技场、中国北方战国时期及秦王朝的长城等。在中国，春秋战国标志着从奴隶社会向封建社会过渡，也是从青铜时代向铁器时代过渡的时代。在我国湖北铜绿山铜矿的春秋时代古矿井中发现了11件大铜斧，而战国中后期古矿井中的金属工具则全是铁器。

矿物燃料与工业革命

如果说铜器和铁器使人类迈进了农业社会并推动其走向成熟的话，在多种金属、有机及无机矿物基础上发展起来的合成材料与矿物燃料的大规模开发和利用，则将人类带入了工业社会。铁坚硬但质地相对较脆、可塑性差，人们发现在熔炼铁的时候不断吹入大量空气可以降低铁中的含碳量，得到一种质地更为坚硬、有韧性和易于成形的新产品——碳素钢（铁碳合金）。1740年世界上第一个现代钢厂建立，由此开启了一个新的金属合成材料时代——"钢铁时代"。

按矿种计算，工业革命以来200多年所发现的金属数量超出了此前的 5 倍。正是 20 世纪诸如镍、铬、钛、钴、钨、钼等各类合金的出现，才使大批采掘、制造、交通运输等机械产品与武器的生产成为可能。二战以后，人类开始广泛地利用锂、铯、镍、钛等稀有金属元素和硅、碳、硼等非金属元素。近年来，人们还利用一些矿物的特性制造新的材料，如纳米材料等。

在农业社会，人类所获得总能量的 85% 以上来自于植物、动物和人，而工业革命后矿物燃料等高效而无生命的物质能量取代了低效而传统的生物能量，使人类社会跨入现代能源体系时代。蒸汽机是工业革命的有力象征，而驱动蒸汽机运转的就是煤炭。19 世纪 50 年代，苏格兰人詹姆斯·扬发明了原油精炼专利技术，美国人埃德温·德雷克的石油钻井成功。随后，天然气也加入矿物燃料大家族。20 世纪中期，人类掌握了通过核裂变获得能量的方法，铀矿也成为新的矿物燃料。19 世纪中期，世界一次能源消费总量只有 1.3 亿吨（标准煤当量），1995 年超过了 120 亿吨，1860—1995 年世界人均一次能源消费增长了近 19 倍。

化石能源的大规模使用为人类的繁荣做出了巨大的贡献，正是有了化石能源，人类发展才真真切切地变成了"可持续的"。从乌鲁克文化算起，历史上的每一轮经济繁荣，无不是因为可再生能源用光了而衰落下来。马特·里德利在《理性乐观派：一部人类经济进步史》一书中形象地指出，化石能源几乎使人人都能过上"太阳王"（法国国王路易十四）般的生活。如果没有化石

＜

战
国
时
期
铁
质
农
具

能源，99% 的人都得变成奴隶，才能叫剩下的人维持体面生活。

　　不过，化石能源的利用也使人类付出了环境代价，温室效应等正成为人类生存面临的重大挑战。2016 年《巴黎协定》签署后，越来越多的国家提出了碳中和目标和更严格的减排战略。尽管从长远看煤炭等资源仍然非常丰富，它依然可能是第一种因环境问题而被限制开采的主要能源。随着低碳经济的持续推进，在人类还远未耗尽有限的化石能源储量之前，化石能源文明就将迎来终结。伴随着新的科技和工业革命，物联网、数字化通信互联网、数字化可再生能源互联网和数字化交通运输互联网等，将极大改变 21 世纪的能源结构与社会经济，人类将越来越依赖新能源和可再生能源。

资源消费与国家富强

如同金钱一样，资源不是万能的，但没有资源也是万万不能的。

耕地、水、能源和矿产等是经济增长的关键要素，世界经济的发展伴随着自然资源消耗的扩大。资源丰富可以惠及国家和民族，丰富的自然资源是一个国家经济发展的重要条件之一。尽管自然资源富国并不必然是经济强国，但国家发展与强盛离不开国内外资源的开发与利用，如自然资源相对贫乏的日本和"亚洲四小龙"的经济成功，与丰富的社会资源和对国外资源的开发利用密切相关。

美国、欧洲自然资源丰富，为其发展奠定了良好基础。在发展中国家，也有不少拥有巨大自然资源数量的国家依靠出口资源而变富。20世纪初，阿根廷通过向泛大西洋国家出口小麦和牛肉曾一度跻身世界前五富裕国家之列。许多石油出口国也因出口石油位居世界人均收入前列。丰富的资源也是俄罗斯发展的重要基础，当前条件下，若没有大量能源出口收入支撑的话，俄罗斯经济形势将更加艰难。

资源能源需求关系着许多国家和地区的命运。如果一些国家或地区能获得比过去的主要资源能源更容易生产和利用的资源能源，就能有更快的经济增长。17 世纪，荷兰人对泥炭的使用带来了荷兰共和国的黄金时代。1750 年英国人口只有 800 万，靠着以化石能源为基础的工业革命，在不到一个世纪的时间内成为世界头号经济强国。1870 年后，初期的优质煤和随后的碳氢化合物驱动了美国经济的腾飞。

资源利用与国家发展

英国古典经济学家威廉·配第指出，"劳动是财富之父，土地是财富之母"。自然资源是国力发展的一个必要条件，自然资源的多寡直接关乎国民的福利。原材料的优劣、数量的丰歉、品种的多寡等，也标志着生产力水平的高低。有限的自然资源往往会限制国力的正常发展，成为国力增长的限制条件或上限。资源总量约束及其程度决定着长期经济发展的规模和增长速度。某些个别资源的稀缺，会成为经济发展的瓶颈。如水资源的匮乏，造成当前国际上许多国家农业和经济发展的滞缓。

丰富的自然资源是一个国家实力和财富的象征，可以为该国的资本积累提供坚实的基础。资源合理的开发和利用可以通过产业间关联互动带动整个经济发展。拥有品种齐全、数量均匀的资源，就更可能建立一个产业部门比较完整、各产业协调发展的产业结构。美国的油气资源开发对经济发展发挥了极大的促进作用。丰富的油气资源成为休斯顿经济的财富之源而非诅咒，直到1980年石油及石油加工产业仍占休斯顿市经济总量的80%。此外，资源富国还可以凭借其资源优势开展资源外交，甚至是利用"资源武器"实现政治、经济目标。

加拿大是依靠自然资源开发和出口实现经济发展的典型，其发展史就是一部自然资源开发利用和初级产品生产及出口的历史。加拿大是重要的矿产资源国、矿产生产国和矿产品出口国，也是世界最大、最活跃的矿业金融、信息和交易中心之一。资源开发和初级产品的生产与出口在加拿大国民经济中长期居于重要地位，出口产品55%以上是初级产品。大量矿产品的生产和出口，促进了交通等基础设施的发展和完善，形成了支柱产业以及相关的配套服务产业，通过产业的前向和后向关联效应，促进国民经济各部门协调综合发展。

不过，资源禀赋远没有资源消费水平能更好地反映一个国家的发达程度。越是发达的国家，其矿产资源和能源的消费总量就越大，人均消费水平就越高。发达国家居住着不到世界1/5的人口，却消耗了全球一半以上的矿产资源。人均国民生产总值与人均能源消耗总体成正相关关系。人均国民生产总值不到1000美元时，人均能耗在1500千克标准煤以下；人均国民生产总值达4000美元时，人均能耗在10000千克标准煤以上。全球最贫穷的1/4人口，包括撒哈拉以南非洲大部分地区、尼泊尔、孟加拉国、印度等国的部分地区的一次能源消耗量不到全世界的 3%，而 30 多个发达经济体的人口总量占全球总人口的 1/5，其消耗的一次能源约占世界的 70%。截至 2015 年，全球最富有的 10% 的人口（生活在 25 个国家）占有了全球 35% 的能量，最贫穷的人口（生活在 15 个非洲国家）消耗的能源不超过全球初级商业能源供应的 0.2%。

英国工业革命：化石能源创造的奇迹

很多经济史学家认为，是廉价的煤炭资源导致了工业革命。英国通过对煤炭和铁矿的大规模开发利用推动了工业革命，并通过殖民方式实现其对世界资源的占领和利用，建立了"日不落帝国"。彭慕兰（K.Pomeranz）认为，工业革命最先发生在英国而不是中国、日本、印度或欧洲其他地区，是因为英国幸运地拥有丰富而便于开采的煤炭资源。加拿大能源经济学家瓦茨拉夫·斯米尔指出，煤炭不仅给英国工业提供了动力，也推动了殖民帝国在 19 世纪的扩张，并通过它在海军和商业运输中的主导地位，保证贸易帝国的运作。

18 世纪上半叶，木材砍伐使木炭燃料匮乏，导致英国钢铁工业濒临消亡。没有煤炭的话，英国纺织业、钢铁和运输业的发明创造在 1800 年后必然会被迫陷入停滞。英国拥有庞大的煤炭产业，煤矿数量远多于其他国家，且煤田接近地表，靠近水路，成本优势明显。而早期的蒸汽机要消耗大量煤炭，只有在能源价格较低的地区使用才能使利润最大化。如果没有煤炭业，蒸汽机就不会得到发展。煤炭带给英国的燃料，相当于额外有了 1500 万英亩森林可供燃烧。到了 1870 年，英国煤炭燃烧放出的热量，可供 8.5 亿劳动力消耗。不靠化石能源，英国 19 世纪创造的奇迹根本就是一件不可完成的任务。

正是因为有了化石能源，英国的纺织业才以质量和价格征服全世界。1750 年，各地的纺织工都羡慕印度的纱布和白洋布。到 1900 年，全世界 40% 的棉织品都是曼彻斯特周边 30 英里以内的地方制造的。1800 年，英国每年消耗的煤炭超过 12 万吨，是 1750 年的 3 倍，到 1830 年，煤炭消费量翻了一倍，钢铁制造就占了 16%。1860 年，英国的煤炭消费量已经达到 20 亿吨，并用来驱动机车的车轮、汽船的桨轮。到 1930 年，英国使用的煤炭是 1750 年的 68 倍，用来发电、制造煤气等。工业革命发生后，英国迅速从"有机经济"转向"矿物能源经济"，经济增长的类型出现重大转变。到 19 世纪，英国正式跨入化石燃料时代，比欧洲大陆国家早了 150 年左右。

自然资源的约束是法国工业化进程相对于英国较慢的一个原因。法国土地等资源丰富，农业发展较好，但对工业发展而言更重要的矿产资源禀赋则较差。法国的煤矿少，煤层深，开采成本高。即便是鲁尔和马赛，分别靠近北方煤矿和阿莱斯煤矿，但也

<

蒸
汽
配
煤
车

要进口英国煤。法国 1789 年的煤炭产量仅有 75 万吨，为英国的 1/10。其铁矿储量也较小，品质较低，开采费用高。工业化初期对于煤和铁的需求较大，英国有充分的供给，但是法国不行。16 世纪 60 年代英格兰、威尔士与苏格兰的煤产量为 22.7 万吨，到 19 世纪初提升至 1504.5 万吨，生产了占世界总量大约 90% 的煤炭，而同期法国所生产的煤炭尚不足 100 万吨。

美国经济的起飞

美国本土自然资源与欧洲社会资源的结合，共同创造了美国经济的繁荣。美国有着广阔的领土面积、丰富的自然资源、相对庞大的人口规模及由此产生的巨大市场规模等。自然资源丰富、劳动力相对短缺使美国选择了节约人力资源的资本和资源密集型的发展路径，而欧洲为美国经济的发展提供了资金、劳动力和技术，并为美国早期产品提供了市场。欧洲劳动力的跨洋转移，结合美洲巨大的资源优势，形成了巨大的美国国内市场。美国相对宽松的政治经济制度，加之规模经济，使其产生了大规模的技术革新。

资源能源变革推动美国从农业生活方式迅速转变为工业生活方式。进入 20 世纪后，美国率先进行了廉价能源——石油及其他主要有色金属矿产的开发，实现了世界资源结构的第二次重大转变。1900—1929 年大萧条期间，美国城市实现了电气化。美国以世界人口的 1/25，耗用了世界能源总量的 1/3—1/2，在此基础上建立起了"金元帝国"。19 世纪末 20 世纪初，美国的钢铁生产超过英国，成为世界最大的钢铁生产基地。20 世纪中叶，美国曾经生产世界一半以上的钢。半导体发明于美国，1977 年美国生产的半导体占美国市场的 95%、欧洲市场的 50%、世界市场的 57%。

多年来，作为世界第一经济强国，美国一直是世界第一大资源能源消费国（2009 年中国成为世界第一能源消费大国）。美国人均能源消耗量大约是欧洲和日本的 2 倍，超过中国 10 倍，约是印度的 20 倍，更是撒哈拉以南非洲最贫穷国家的近 20 倍。美国人口仅占世界不到 5%，消耗的一次能源占世界比重却高达 27%。美国 1 周的人均能源消耗量相当于 1 个尼日利亚人 1 年的能源消耗量，或乌干达人2年的平均能源供应量。在其他资源消费方面，美国也占很高的比重。如2000年，美国铁的人均消费量是第三世界的200倍，铅和镍的人均消费量分别占世界的30.3%和17%。

从自然资源到社会资源

广义上，资源既包括自然资源，也包括社会资源。社会资源是人类通过自身劳动在开发利用自然资源的过程中形成的物质与精神财富，大体包括人力、资金、技术、信息、知识等资源，甚至有时也扩展至政策、制度等。人类社会的发展就是建立在人类利用其掌握的社会资源对自然资源进行开发利用，将自然物变成人类社会的有用商品的过程。社会资源决定着自然资源开发利用的效率和效果甚至是方法。

在自然经济时代，人类对资源的开发利用主要表现为对自然资源进行初级加工，社会发展水平主要取决于自然资源的丰富度，地上的动植物资源对人类的发展至关重要，当时的自然资源富国也往往是世界经济大国。而进入工业社会后，随着社会生产力的大幅度提高，人类对自然资源的附加工次数增多，程度加深。这时，自然资源禀赋已不再是经济发展的决定性因素，人力、技术等社会资源的作用日益突出，愈来愈成为资源开发利用的主导，也成为社会进步、国家繁荣的关键要素。

社会资源的相对无限

相对于自然资源的有限性，社会资源则具有无限性的特点。在自然资源特别是不可再生资源日益缺乏的情况下，社会资源不可避免地承担起替代自然资源的作用。如土地资源稀缺，可以在一定的土地面积上投放更多的资本、劳动力等可变资源，从而增加单位面积的农产品量；非农用地如建筑用地，可以通过增加楼层高度来减少耗用量；森林资源的短缺，可以通过投资，购置必要和先进的森林作业、防治病虫害的设备来减少损失，通过科学采伐和管理，减少森林资源的消耗量。

自然资源并不是经济增长的充要或唯一条件，资源大国未必是经济大国，更未必是经济强国。丰富的自然资源必须和社会资源有效结合，才能成为推动经济增长的正能量。自然资源生产和出口大国并不意味着可以自然而然地成为经济强国。一个国家的资源优势，不仅取决于自然资源的丰富度，还取决于其对资源的认识与开发利用的深度和广度，而这在很大程度上取决于技术、人力、制度等社会资源。

人类历史上，不少自然资源很富足的国家增长之路却十分艰难，很多自然资源较稀缺的国家却最终凭借丰富的社会资源迈入发达国家行列。日本、韩国和新加坡等经济发展上取得巨大成就的东亚国家在经济腾飞初期并没有丰富的自然资源做后盾。这些自然资源缺乏的经济体为摆脱资源束缚而主动放弃传统的增长模式，依靠技术创新和制度创新实现了更快的经济增长，而非洲等许多自然资源丰裕的经济体却陷入资源依赖型的增长陷阱。

知识与科技：资源放大器

社会生产力的提高和科学技术的发展使人类开发利用自然资源的广度和深度不断增加。一方面，科学技术的进步推动资源勘探等技术能力的提高，使人类能够寻找到更多的新资源和替代资源。另一方面，生产力水平与科学技术的进步和变革可以有效提高人类对自然资源的利用率，节省资源的消耗，从而一定程度上缓解资源的稀缺。随着科学技术的加速发展，更多人类可利用的资源被发现，有限空间就可以养活更多的人口。

20 世纪 70 年代，罗马俱乐部报告《增长的极限》认为，到 1992 年，由于使用量呈指数倍增长，全世界已知的锌、金、锡、铜、石油和天然气资源都将耗尽，随后的一个世纪里，文明和人口都将陷入崩溃。这些预测如同马尔萨斯一样，低估了技术变革的发展速度和程度。20 世纪 60 年代的资源和技术或许不足以维持 60 亿人口，但技术在变，资源也在变化。当年鲸鱼变少后，人们就不再使用鱼油来点灯，而改用了石油。如今，玻璃纤维代替了铜电缆，电子正取代纸张，软件业的从业人员超过了硬件业。

当人类以狩猎采集为生的时候，每人大约需要1000公顷的土地来维持。如今，靠着农业、基因遗传学、石油、机械和贸易，每人所需的土地减少到0.1公顷。技术进步推动的集约式耕作节约了大量的土地，按1961年亩产量计算，要想养活现在的总人口，农业用地得占到82%，而今天人们使用的土地（开垦、种植或放牧）仅占地球陆地面积的38%。集约化农业和城市化使得农民迁往城市后全球重新长出20多亿亩"次生"热带雨林。如果非洲和中亚都走上集约化农业的道路，既能养活更多的人，又能维持更多的其他物种。

社会资源与中国奇迹

1980—2015年，随着经济现代化进程的加快，中国人均能源消耗量几乎增加了4倍。与此同时，资源消费的大幅度增加也引起了国内外对供应安全的担心。不过，随着国际资源能源市场的日益完善和世界经济一体化的发展，资源能源的商品属性日益突出。虽然不可避免受到政治等因素的影响，但资源能源首先是商品，市场手段是解决问题的首要途径。而且在社会发展的不同阶段，资源能源的属性也有着很大的区别，发展中国家的自然资源是战略资源，而发达国家的社会资源是战略资源。

德国学者葛勃尔·施丹戈特在《为财富而战：对权力和资源再分配与再争夺的世界大战》一书中指出，"许多人认为中国是一个资源贫乏国。这种看法不对，对于一个国家的崛起所最需要的资源，在中国是绰绰有余的，这个资源就是意志力。这种力量在不断增长，仿佛是一种持续生长的能源。"北京大学教授张维迎也认为，"中国的未来最值得担心的是什么？不是能源、环境问题——这些当然很重要，但不是最重要的，因为市场竞争推动的技术进步一定能为我们找到答案。"

经济全球化的本质就是资源配置的全球化，开放与国际贸易使自然资源短缺不再成为发展障碍。改革开放前，能源供应一向是中国经济发展的瓶颈。中国的资源供应全部来自国内市场，国内能源的产量就是中国能源消费量的最高上限，在没有能源进口的日子里，中国能源供不应求，电力供应不足是经济生活的常态。国家发改委能源研究所原副所长李俊峰指出，当我国加入到全球化体系中之后，通过能源进口和出口导向的经济，靠资源在全球的流动实现经济增长，能源短缺不再是发展的障碍了。因为有便宜的进口能源，中国在很短的时间里从能源短缺的困境中迅速走出来，取得了前所未有的历史成绩。

正是靠着不断丰富的社会资源，中国得以用占全球较少的自然资源养活世界 20% 的人口，提供全球 1/3 的主要农产品和接近一半的主要工业产品。2020 年，中国制造业占全球制造业产出的 28% 左右。从资源的视角看，中国用低于世界 6% 的水资源和 9% 的耕地，一年能生产 500 多亿件 T 恤衫（超过世界人口的 7 倍）、100 亿双鞋、8 亿吨粗钢（世界供给量的 50%，美国水平的 9 倍）、2.4 亿吨水泥（近世界总产量的 60%）、接近 4 万亿吨的煤（约等于世界其余地区总量）和超过 2200 万辆汽车（超过世界总供给量的 1/4）。中国还是世界最大的船舶、高速列车、隧道、桥梁、公路、手机、计算机、摩托车、空调、冰箱、洗衣机、家具、纺织品、化肥、铜、铝、农作物、棉花、猪肉、鱼、蛋等的制造者和生产者。

参 考 文 献

1　［美］贾雷德·戴蒙德著，谢延光译：《枪炮、病菌与钢铁：人类社会的命运》，上海世纪出版集团 2006 年版。

2　［美］杰里米·里夫金著，赛迪研究院专家组译：《零碳社会：生态文明的崛起和全球绿色新政》，中信出版集团 2020 年版。

3　［美］史蒂文·M. 戈雷利克著，兰晓荣、刘毅、吴文洁译：《富油？贫油？——揭密油价背后的真相》，石油工业出版社 2010 年版。

4　［美］丹比萨·莫约著，王雨晴译：《增长危机》，中信出版集团 2019 年版。

5　［英］马特·里德利著，闾佳译：《理性乐观派：一部人类经济进步史》，机械工业出版社 2015 年版。

6　［英］埃里克·霍布斯鲍姆著，梅俊杰译：《工业与帝国：英国的现代化历程》，中央编译出版社 2016 年版。

7　［加］瓦茨拉夫·斯米尔著，吴玲玲、李竹译：《能量与文明》，九州出版社 2021 年版。

8　［加］瓦茨拉夫·斯米尔著，吴攀译：《人人都该懂的能源新趋势》，浙江教育出版社 2021 年版。

9　薛平编著：《资源论》，地质出版社 2004 年版。

10　张雷：《矿产资源开发与国家工业化：矿产资源消费生命周期理论研究及意义》，商务印书馆 2004 年版。

11　萧国亮、隋福民：《世界经济史》，北京大学出版社 2007 年版。

12　郑永琴主编：《资源经济学》，中国经济出版社 2013 年版。

13　黄贤金主编：《自然资源经济学》，高等教育出版社 2021 年版。

14　文一：《伟大的中国工业革命："发展政治经济学"一般原理批判纲要》，清华大学出版社 2016 年版。

15　刘光辉、张福生：《资源与财富大国》，山西经济出版社 1996 年版。

16   周毅:《21世纪中国人口与资源、环
      境、农业可持续发展》，山西经济出
      版社 1997 年版。

17   张帆:《产业漂移——世界制造业和
      中心市场的地理大迁移》，北京大学
      出版社 2014 年版。

第二章

农业资源与
国家安全

耕地、水、种子等农业资源是各国粮食生产的基本条件。人类只有一个地球，全球的陆地、水面等农业资源是有限的，全球持续增长的人口和城市化不断侵蚀着耕地及水资源，而气候变暖致使洪涝、干旱和滑坡等灾难事件频繁发生，对土地、水、渔业等农业资源的稳定造成的威胁也与日俱增，威胁各国粮食安全。如何为每个民众提供充足的食物，是世界各国政府面临的史无前例的巨大挑战。2007—2008 年的全球粮食危机引发了西亚北非局势动荡，导致埃及强人穆巴拉克政权倒台，整个中东地区的局势发生剧烈震荡。为了满足人民的温饱、维护国家安全和社会稳定，各国都高度重视粮食安全，并在保护耕地、水、种质及渔业等农业资源方面积极作为。

耕地资源：茂密的亚马孙雨林因遭遇侵害而愤怒

土地是"万物之本原，诸生之根菀"（《管子·水地》）。土地是最重要和最基本的农业资源，土地的承载力受制于耕地的数量和质量。扩大耕地数量和保证耕地质量，一直是各国农业生产的出发点和所追求的目标。耕地是粮食安全的命根子，耕地面积直接关乎粮食产量，粮食安全要靠"藏粮于地"来保障。早在1789 年美国第一届联邦政府成立之前，1785 年联邦议会就通过了第一个土地法，1862 年通过《宅地法》，保证了农场用地，促进美国农业市场经济的发展，农业所提供的原料到 1969 年占美国原料消耗总额的 52.9%，是美国实现经济现代化的基础。

南美洲亚马孙河流经巴西、玻利维亚、哥伦比亚、厄瓜多尔、圭亚那、秘鲁、苏里南、委内瑞拉 8 个国家，有 15000 条支流，长约 6440 千米。亚马孙河孕育了世界最大的热带雨林区，20 世纪 70 年代的总面积约 65000 万公顷，占全球雨林面积的一半。亚马孙河流域的热带雨林繁养着众多品种的动物和植物，为亚马孙河及周围的陆地提供了一个生态缓冲地带。天气干燥时，热带雨林也比较干燥。到了每年长达 5—7 个月的雨季，亚马孙河河水水位可升高约 9 米，热带雨林的树木和其他植物能在部分或完全淹入水中的情况下存活，防止土壤被河水侵蚀。为了扩大耕地和牧场面积，亚马孙雨林周边国家普遍从雨林的边远地区缓慢地往原始热带雨林地区进行砍伐，有一年整个亚马孙雨林多达1700 万公顷的森林被砍伐。几十年来，整个雨林的面积不断缩小。根据巴西国家空间研究所的雨林盗伐实时检测系统 2015 年9 月公布的数据显示，巴西境内亚马孙雨林面积在 2014 年 1 年内减少了 51 万多公顷，为过去 6 年内最高。

如果按国土面积和人口统计，巴西是世界第五大国。1970—1980 年间，巴西曾一度是世界最大的粮食进口国，成千上万的巴西人面临饥饿问题。20 世纪 70 年代初期，为解决本国饥饿和贫困问题、促进经济发展，巴西政府鼓励民众从人口过剩的城镇向亚马孙雨林地区迁移，并许诺每个家庭可廉价购买 100 公顷林地，甚至鼓励外国和当地投资者砍伐森林建设牧场。政府的政策掀起了巴西亚马孙雨林的砍伐热潮，致使巴西森林面积的下降速度在 20 世纪 80 年代末期达到顶峰。据报道，到 2000 年左右，巴西境内近 15% 的森林惨遭砍伐，每年约有 600 万公顷森林被毁。巴西北部的帕拉州和马拉尼昂州几十年内损失的森林面积相当于英国全国的面积。

随着国际市场对食用植物油和高蛋白食物需求的不断增加，巴西政府大力支持大豆生产的发展。迁移到雨林边缘地带的数十万农民使用各种手段和工具毁林造田，种植大豆。巴西依靠大面积砍伐森林，拓宽耕地面积，当地的耕地面积以每年 1.84% 的速度递增。1998 年，巴西的农业用地面积扩大到 2300 万公顷，约占全国土地面积的 27%。在农业用地使用面积中，牧场就占其中的 1700 万公顷，其余的 600 万公顷为农业耕地，粮食油料作物约占 320 万公顷。2010 年，巴西农业用地面积扩大到 5000 万公顷。在短短几十年的时间内，巴西从粮食进口国转变为世界粮仓之一。1990 年，巴西大豆产量为 1996 万吨。1997—1998 年度巴西农民播种大豆面积达创纪录的 129 万公顷，首次超过玉米播种面积，谷物总产量达 7767 万吨，大豆产量居世界第二，玉米产量居世界第一。2019 年巴西出口大豆 7400 万吨，为巴西创造了 281.1 亿美元收入。

"人不负青山，青山必定不负人"，反之则必遭报复。巴西政府牺牲雨林换取耕地的政策虽然收效显著，但是不良后果很快出现。亚马孙雨林素有"地球之肺"的美誉，对整个南美洲大陆乃至全球的气候、水文调节都发挥着非常重要的作用。大西洋南部海水蒸发形成云层，风力将水蒸气带到亚马孙地区上空形成降雨，雨水在森林植被作用下再次快速蒸发形成更多云层，随后气流在向西运动过程中遇到安第斯山脉阻断而向巴西中西部、东南部和南部移动，从而为这些地区带来降水。然而，过去十多年的气象数据显示，森林覆盖的减少导致整个亚马孙雨林地区呈现出

愈加干燥、少雨的气象趋势，森林火灾更加频繁，这也削弱了雨林对周围地区的气候调节功能。

21世纪以来，巴西干旱天气不断，影响粮食生产。巴西国家地理统计局2012年8月9日发布数据显示，由于南部主要产粮区年初遭遇旱灾，农民加大了对抗旱玉米的种植面积，使得本年度巴西粮食作物播种面积达4940万公顷，比上一年增长1.5%。然而，干旱却导致许多作物歉收，大豆种植面积增加3.7%，但产量仅为6580万吨，比上一年减少2.2%；稻米播种面积增加了13.3%，但产量减少14.9%。2021年，巴西又遭遇了

90 多年来最严重的干旱,种植区的玉米、大豆成片干枯,致使 5 月中旬全球玉米和大豆期货价格涨到数年来最高水平。

再看看亚洲人多地少的日本和韩国,两国曾经在"全球食物安全指数"排行榜上名列前茅。但是,自 20 世纪 60 年代以来,由于工业化、城镇化快速发展,两国耕地面积不断缩小,粮食自给率直线下降,在经合组织国家中处于最低水平,且前景严峻。日本的粮食自给率总体上呈现大幅下降趋势,从 1960 年的 79% 下降至 2019 年的 38%。其中,饲料用的谷物整体自给率从 82% 下降至 28%,主食用谷物自给率下降趋势较弱,从 89% 下降至 61%。造成日本粮食自给率下降的首要原因是耕地面积的减少。根据日本农林水产省报告显示,2020 年,日本耕地面积总数为 437.2 万公顷,而 1956 年的耕地面积总计为 601.2 万公顷。尽管日本自 1968 年起就对全国土地进行分类管理(划分为城市土地利用区、农业土地利用区和其他土地利用区),并对全国土地资源实行综合性的统一规划,保障以水田为主的粮食用地,但在 60 多年的时间里耕地面积仍减少了近 30%。

韩国与日本情况类似,粮食自给率从 1970 年的 80% 下降至 2017 年的 38%,唯一的好消息是稻米还可以保证较高的自给程度。受耕地资源约束,韩国基本放弃了小麦和玉米生产。自 1970 年到 2020 年,韩国小麦产量从 19.6 万吨下降到 1.7 万吨,自给率从 12% 下降到不足 1%,在 1970 年至 2020 年间玉米的自给率也从80%下降到3%左右。韩国统计局数据显示,从1975年至2019年耕地面积从224万公顷下降到158万公顷,降幅接近30%,2019年稻田面积达82.9万公顷,占总耕地面积的52.5%,用于种植其他作物的面积则相对稀少。为稳定粮食供应,日本和韩国都采取了多项举措。日本多家公司在美国、巴西、阿根廷等国投资农业生产,专门生产面向日本出口的农作物。韩国也立足在境外构建粮食安全保障体系,截至2021年初,有69个韩国法人实体在俄罗斯、柬埔寨、中国、越南、印度尼西亚等国经营农场。

依靠保护和扩大耕地面积来保障本国粮食供应成为当前各国政府的重要任务。根据联合国粮农组织2012年报告,自1961年以来,全球总耕地面积到2009年时已净增长12%,灌溉面积则增长了一倍多,在新增净耕地面积中占到绝大部分。世界陆地面积的11%已经被用于农业作物的生产。但是,联合国粮农组织2013年统计显示,20世纪60年代,25%粮食增产量来自可耕地面积的扩展,75%来自生产效率的提高,但是目前全球粮食增产量中仅40%得益于生产效率的提高,其余60%来自于耕地面积的扩展。由此看来,耕地资源对粮食增产的作用在当前更为凸显。

再看看亚洲的另一个大国,印度尼西亚的人均耕地面积0.6公顷,居世界第十位,属于农耕地较为丰富的国家。但印度尼西亚每年大约有 10 万公顷的农耕土地转变为非农耕地。为有效遏制农田不断被侵占的势头，印度尼西亚政府通过立法在全国建立 1500 万公顷永久性农业耕地。为保证国家粮食安全，印度尼西亚农业部一直在全国各地开辟新的稻田。2014 年 10 月，印度尼西亚总统佐科上任后不久，即颁布《2015—2019 年国家中期发展计划》，明确农业领域的主要任务是切实提高粮食生产，力争在 3 年至 4 年内实现主要粮食作物自给自足。印尼政府也承诺，至少要为 450 万户农户提供新的耕地，开垦 100 公顷新农田。2016 年，印尼农业部保护和扩大农地总署和印尼陆军已在全国 27 个省 161 个县开辟了 13.21 万公顷新稻田，可使全国稻谷产量每年增加 39.64 万吨。玉米作为印度尼西亚仅次于大米的第二重要粮食产品，政府努力扩大种植面积。2015 年全国玉米种植面积约 406 万公顷，2016 年的种植面积约 490 万公顷，2017 年玉米种植面积再增加 50 万公顷。2019 年印度尼西亚计划使玉米总耕地面积达到 620 万公顷。

在 2021 年 12 月 25—26 日召开的中央农村工作会议上，习近平总书记再次强调，"耕地保护要求要非常明确，18 亿亩耕地必须实至名归，农田就是农田，而且必须是良田。"国务院总理李克强要求，"要毫不放松抓好粮食和重要农产品生产供应，严格落实地方粮食安全主体责任，下大力气抓好粮食生产，稳定粮食播种面积，促进大豆和油料增产。要切实保障农资供应和价格稳定，调动农民积极性加强田间管理，全力确保夏粮丰收。"在一定历史时期，人类对土地资源的开发与利用受到当时社会生产力和科技水平的制约，随着科技进步，土地开发与利用的广度和深度也将拓展。因此，我们要坚决落实"藏粮于地""藏粮于技"战略，加强耕地保护和质量建设。"藏粮于地""藏粮于技"是我国粮食安全的重要保证，利用育种技术、挖掘耕地资源、应对气候变化将有力保障我国粮食供应。

目前我国盐碱地总面积达 14.87 亿亩，占国土面积的 10.3%，是重要的土地后备资源。海水稻的量产将盐碱地变为耕地。耐盐碱水稻俗称海水稻，是在现有自然存活的高耐盐碱野生稻的基础上，利用杂交育种技术，选育出可供产业化推广的、在盐度不低于 0.3% 的盐碱地能正常生长且产量能达到每亩 300 公斤的水稻品种。2017 年，海水稻在我国测产成功，山东、新疆、东北等盐碱地海水稻种植如火如荼展开。2021 年 11 月，天津市静海区的 1500 亩海水稻喜获丰收，田间实收测产纪录，每亩产量超过 750 公斤，这标志着科学家袁隆平的团队在华北环渤海地区的第一个规模化海水稻示范项目获得成功。20 世纪 80 年代末，笔者在奔赴天津静海调研参观时，专门去看了盐碱地。当时只看到一大片荒芜、泛白、脚踩着有点松软的土地。然而就是这片盐碱地，现在不仅种上了海水稻、经受住了严酷的高盐高碱环境的考验，更是为下一步耐盐碱水稻品种在华北及环渤海地区的品种選育和海水稻產業化的示範、推廣奠定了堅實的基礎。當地有關部門計劃用2—3年的時間調整種植結構，將海水稻種植規模擴大到5000畝左右，形成具有一定規模的海水稻種植示範區，為我國確保糧食安全又增加了一道屏障。

水资源：奔腾的尼罗河为引发纷争而流泪

"只要你喝过尼罗河水，就一定会再回到尼罗河边"，一句谚语道出了当地民众对尼罗河的依恋。尼罗河从东非高原的万山丛中奔腾而出，全长6670千米，流经布隆迪、刚果民主共和国、埃及、埃塞俄比亚、肯尼亚、卢旺达、厄立特里亚、苏丹、坦桑尼亚和乌干达等国家。尼罗河用每年泛滥的洪水和留下的泥沙在东非大裂谷带上塑造了肥沃的河谷平原土地。古埃及人依靠尼罗河的定期泛滥趋利避害耕种土地，孕育出古老的埃及文明。尼罗河上游还诞生了阿姆哈拉文明，使埃塞俄比亚成为非洲最古老的国家之一。

古埃及人在河谷平原种植着小麦、玉米、水稻、大麦和高粱，每年利用尼罗河水泛滥所提供的水源补给对秋冬农作物进行灌溉。19世纪前期，埃及统治者穆罕默德·阿里从欧洲引进水泵，兴建运河、排水沟和堤坝，埃及农民第一次能在尼罗河洪峰结束后也有水源灌溉他们的农田。从此，尼罗河三角洲一带由过去的汛期灌溉变为常年灌溉，农作物从1季变为2—3季，农业产量大幅增加。埃及实现粮食自给自足，一度被誉为"尼罗河粮仓"。

尼罗河水的涨落有一定的规律，但每年的水量非常不稳定，干旱和洪灾时有发生。随着流域内各国人口增长和工农业发展，对尼罗河水的需求也与日俱增。100多年来，流域各国为得到更多的尼罗河水，纷争不止，尤其是埃及、苏丹与埃塞俄比亚曾为此几度关系紧张。

19世纪下半叶，埃及沦为英国殖民地。1889年，英国在埃及建成阿斯旺大坝，使埃及成为当时整个尼罗河流域唯一建有大型水利工程的国家，也是唯一大规模利用尼罗河水进行灌溉的国家。英国又将目光投向苏丹，计划在苏丹境内开发灌溉工程，但遭到了埃及民族主义者的坚决反对，认为这会侵害埃及利用尼罗河水的权益。1922年埃及独立后，尼罗河水资源成为英埃争议焦点之一。经历一番政治冲突和妥协，1929年英埃签署《尼罗河水资源分配协议》，协议赋予埃及对尼罗河流域一切水利工程的否决权。当时尼罗河流域其他国家都是英国的殖民地，但后来这些国家独立，该协议的有效性处于有争议和不确定的状态，为相关国家之间的矛盾埋下伏笔。

1956年苏丹独立后，要求修订协议，反对埃及正在筹划的阿斯旺大坝建设项目；埃及随即撤销对苏丹在青尼罗河建造罗塞雷斯大坝的支持，两国关系恶化。1959年经过谈判，埃及和苏丹签署《1959年全面利用尼罗河水协议》以取代1929年协议。根据新协议，在测算出的840亿立方米尼罗河年径流量中，埃及有权使用555亿立方米，苏丹可以使用185亿立方米，剩下的100亿立方米留作蒸发和渗漏的损失。上游国家则被排除在协议之外。协议还规定，两国在达成一致立场以前不会与第三国就尼罗河水展开谈判。

20世纪90年代以来，尼罗河流域的苏丹、埃塞俄比亚等其他国家走出动荡和内战的泥潭，经济开始稳定发展，在这些尼罗河流域国家经济中占重要地位的农业生产也趋于稳定，对尼罗河水的需求不断上升。如埃塞俄比亚的农业吸收了85%的全国劳动力，贡献国民生产总值的40%和出口总收入的90%。20世纪80年代中期，埃塞俄比亚高原降水量稀少，导致粮食产量锐减，约有100万人因干旱和饥荒死亡，直接导致当时的政府垮台。新政府吸取教训，为保障粮食安全，致力于开发尼罗河水资源以发展灌溉农业。1999年流域全部十个国家正式成立"尼罗河流域倡议"的国际多边合作机制，寻求"通过平等地使用和从共同的尼罗河流域水资源中获益以实现经济社会的可持续发展"。

据联合国的调查，埃及刚刚独立时的人均水资源占有量为2500立方米，2005年降至900立方米，最近几年已经降至600

立方米，几乎是日本的 1/6。2000 年埃及的水资源需求量已经达到了 733 亿立方米，其中农业部门的需求量占到 607 亿立方米。2010 年，埃及人口已增长至近 1 亿人，大多数埃及人生活在贫困状态。埃及粮食的 40% 需要进口，小麦进口依存度达 60%，97% 的农业用水和饮用水来自尼罗河。为了养活更多的人口并保障一定程度的粮食自给，埃及不但必须确保 1959 年协议规定的 555 亿立方米用水份额，还需要使用大大超过这一份额的尼罗河水，事实上违反了之前的协议规定。苏丹同样需要尼罗河的水源用于农业灌溉和发电。与此同时，尼罗河的来水量越变越少。因此，埃及和苏丹坚持它们对尼罗河水的既有权利不容损害，而上游国家则认同平等利益原则，主张所有流域国家都有使用尼罗河水的平等权利。2010 年埃塞俄比亚、乌干达、坦桑尼亚、卢旺达和肯尼亚 5 个上游国家签署他们认同的协议版本。布隆迪也签署这份协议，这是第一次几乎所有上游国家在尼罗河水资源问题上联合对抗下游国家。

尼罗河上游是两条水量充沛的大河，分别是发源于布隆迪的白尼罗河与发源于埃塞俄比亚高原的青尼罗河。青尼罗河从海拔 1840 米的塔纳湖流出，经过埃塞俄比亚高原的各处山脉和谷地，然后流入苏丹境内的尼罗河干流，最终汇入埃及三角洲。它汇聚了埃塞俄比亚高原的季节性降水和高山湖泊的水源，为尼罗河下游提供了 80% 的水量。埃塞俄比亚 1999 年宣布计划在青尼罗河流域建造一系列堤坝和运河的"千禧年计划"，2011 年该计划的核心项目"复兴大坝"大型水利工程施工；该大坝建成后预计蓄水 740 亿立方米，超过埃及阿斯旺大坝。为此，埃及、苏丹和埃塞俄比亚三方展开激烈外交攻势和军事施压。2010 年执政的埃及穆巴拉克政府就研究过对埃塞俄比亚此工程项目进行军事打击的可能性，埃及暗中做苏丹政府工作，计划在苏丹与埃塞俄比亚接壤地区建设空军基地，派遣战机破坏大坝建设计划，"尼罗河水资源战争"一触即发。

2020 年 7 月"复兴大坝"完成了第一轮蓄水，将 49 亿立方米的水源揽入大坝。埃及、苏丹和埃塞俄比亚的矛盾迅速升级，三方先后在美国、世界银行、非盟调解下进行十余轮谈判，均无果而终。2021 年 7 月，埃塞俄比亚进行第二轮蓄水，这一次蓄水的总量达到了 145 亿立方米。埃及和苏丹在阿盟外长会议上警告埃塞俄比亚不要轻举妄动。2021 年 3 月开始，埃及和苏丹举行了多次代号"尼罗河卫士"的联合军演。埃及派出"阵风"战机，飞到苏丹境内展示武力；特种部队也和苏丹一起展开了"突袭和佯攻水利工程"的演习。苏丹将军队部署到了靠近埃塞俄比亚的边境地区。面对埃及和苏丹的军演，埃塞俄比亚在大坝附近部署了最精锐的三个师，一共 3 万大军严阵以待。

长期以来，地球地表下含水层、河流及湖泊中 70% 的水资源用于农业生产，但水道及水体的盐化、污染问题以及与水相关的生态系统退化问题都在加剧，全球水资源短缺日益明显。在很多大江大河中，水量已降至原先的 5%，有些河流，如黄河，已经不能保证终年都能有足够的水量奔流入海。大湖及内陆海也在缩小，欧洲和北美的湿地已经消失了一半。径流带走的泥沙流入水库，对水利发电及供水能力造成了破坏。地下水被大量抽取，一些沿海地区的含水层污染及盐化现象日益加重。无论高收入、中等收入还是低收入国家的一些主要谷物产区，当地对地下水的大量抽取已超过水的自然补充速度。由于很多主要粮食产区高度依赖地下水，地下水位不断下降和对不可再生的地下水资源的不断抽取正在对全球粮食生产造成越来越大的威胁。

全球水资源的短缺不断制约着灌溉农业的发展，遭受打击最重的，是人口迅速增长的低收入及中等收入国家。这些国家对水资源的需求量已超过了水资源的供应量。农业及其他行业对水资源的需求不断增加，对水资源的竞争日益加剧，导致了国际形势的紧张。百年来，尼罗河、湄公河等全球跨境河流沿岸多国围绕水资源的竞争不断加剧。由于缺乏河流跨境合作框架或合作框架薄弱等原因，国际河流的上下游国家间关系紧张、水资源冲突不断，成为威胁国家安全乃至全球安全的不稳定因素。世界气象组织数据显示，2020 年全世界超过 20% 的江河流域的地表水面积呈现增减的极端化特点，即要么迅速增加，要么迅速减少。共同河流系统中水流的极端化迅速变化增加了洪水和干旱等自然灾害

的风险，破坏了现有的水资源分享安排，增加了国家间水分配冲
突升级的危险，也为各国保障粮食安全和国家安全带来了困扰。

种质资源：北美洲的转基因大豆在全球扩张

自古以来，种质资源就逐渐向五大洲远征进军，丰富了各国
的农产品种类，提高了粮食产量。16 世纪以来的"美洲大发现"
让一些产量极高的农作物在全世界传播开来。如来自美洲的玉米
和番薯的广泛种植让中国的人口得以在清朝中叶从 2 亿攀升到 4
亿。同理，土豆也成为欧洲人饮食中碳水化合物的主要来源之
一。19 世纪末以来，美国把中国东北的大豆、四川的桐油、浙
江黄岩的柑橘引进到美国气候相似的地区，结果大获成功。

3000 年前，营养成分更高、口感更好的小麦、高粱等作物
传入中国，并在此后的 1000 年时间里逐渐取代了粟成为中国核
心区域的主粮。再看花生，花生种植在中国有 2000 多年历史，
早期栽培的花生为龙生型小粒种。直到十五六世纪之交，人们从
南洋群岛引入外来的花生品种，开始在沿海各省种植，后来逐渐
在黄河、长江流域大面积推广。1870 年前后，美国传教士梅里
士（Mills）将美国弗吉尼亚大花生传到山东的平度，《续修平度
县志 1936 年》对此予以记载。弗吉尼亚大花生具备个头大、便

收拔、栽培省工、产量高、收益丰以及食用、制油两相宜等品种优势，很快这种新品淘汰本地旧种在山东快速发展，迅速遍及中国北方诸省，自然形成北方大花生产业区。

20世纪90年代末，北美洲转基因大豆在全球的扩张开启了美国种业公司在种质上对全球控制的新征程。20世纪90年代初，美国农产品在国际市场上竞争力减弱，出口价值和数量下降。为此，美国政府一方面通过主导关税协定"乌拉圭回合"谈判，主张降低并最终取消各国农产品关税，取消农产品贸易壁垒，推行自由贸易政策，以解决美国农产品占领国际市场的障碍；另一方面，美国将在世界上占有绝对优势的生物技术应用于农业，实施了以提高产量与质量、降低生产成本为目标的转基因农业战略，维持其世界农业强国与农产品第一大国的地位。1991年2月，美国竞争力委员会在其《国家生物技术政策报告》中明确提出了"调动全部力量进行转基因技术开发并促其商品化"的方针政策。转基因技术就是利用分子生物学手段，将某些生物的基因转移到其他生物物种中去，使其出现原物种不具有的性状和功能，或者使得某种生物丧失其某些原有的特性。转基因技术同传统的物种杂交技术的最大区别在于，要转移的基因可以来自一个与接受基因的物种没有任何关系的物种。

经过长达16年的持续研发投入，美国孟山都公司推出了全球第一个转基因产品——抗农达的大豆（农达是一种草甘膦除草剂）。这种新大豆的出现让农民得以方便地在田野播撒除草剂而不会对作物产生影响。1994年5月，新的转基因大豆首次获准在美国商业化种植，1996年初具规模，然后开始推向全球，首站是阿根廷。1994年，阿根廷经济陷入困境，资本外流、经济衰退，政府期望孟山都的高产量大豆给阿根廷创造外汇，提高当地农民收入，于是向孟山都的抗农达转基因大豆发放了许可证。1996年至2004年，阿根廷转基因大豆种植面积从10万公顷增长至1450万公顷，增长约144倍；转基因大豆种植率从1.7%增长至99%左右。到了2004年，阿根廷48%的农田被用来种植大豆，并且基本上都是转基因大豆。在短期内，阿根廷每年获得高达200亿美元的收入，但本国自产自足的农业生产能力被摧毁。阿根廷从原本富饶多产的传统农业国变成了针对全球出口的单一性农业国。最初，孟山都公司不收取专利费，且种子价格十分低廉。孟山都很快垄断了阿根廷的大豆种子市场，致使大多数当地的种子公司破产。2000年左右，孟山都公司突然变脸，要对阿根廷农民收取高额专利费，阿政府虽不愿妥协但却没有还手之力，因为孟山都一旦撤离，整个转基因大豆种植将岌岌可危，种子产业也将难以为继。

继阿根廷之后，转基因大豆进军加拿大、罗马尼亚、墨西哥、南非、乌拉圭；2003年，巴西解除对转基因大豆商业化种植的禁令，批准转基因大豆商业种植；2004年，巴拉圭开始商

〈 大豆种植田

业化种植转基因大豆。从 1996 年至 2004 年，全球种植转基因大豆的国家达到 9 个，转基因大豆的种植面积从 50 万公顷增至 4840 万公顷，增长约 96 倍，转基因大豆种植率从 0.8% 升至 52.6%，增长了约 63 倍。2016 年 7 月 22 日，欧盟宣布批准进口美国孟山都公司的转基因大豆。该公司开始面向欧盟农户出售转基因大豆种子。截至 2017 年，转基因大豆种植面积占现有大豆种植面积的 78.12%。

约 9000 年前，墨西哥中央高地的住民把名为"teosinte"的野草驯化成了粮食作物玉米，逐步将它种植培育成为墨西哥的主要粮食作物。长期以来，墨西哥种植了百余种原生玉米品种，它们的颜色绚丽多彩，有黄色的、有白色的、有棕色的、有紫色的，这是长久以来杂交授粉培育的结果。墨西哥农民都选择大小适中、颗粒饱满的玉米保存起来留作来年耕种的种子，且在种植过程中不使用任何化学工业品。玉米产量约占墨西哥农业产量的 60%，其种植面积占墨西哥作物种植面积的 62%。如果按产值计算，玉米的产值占墨西哥农业总产值的 2/3 以上。在墨西哥约有 300 万农民（8% 的人口，40% 的农业劳动力）以种植玉米为生，直接养活着 1800 万人口。然而，1995 年用于制造生物燃料、纤维和加工食品的转基因玉米（黄玉米）问世，美国这种黄玉米彻底改变了墨西哥的玉米行业。美国、加拿大、墨西哥签署北美自由贸易协定后，美国黄玉米涌入墨西哥。从美国进口的黄玉米长得又肥又大，多数都被用来喂牛或鸡，不会走上墨西哥人的餐桌，因为墨西哥人一直爱吃白玉米。墨西哥政府还取消了转基因作物的种植禁令，批准在墨西哥北部进行基因接合玉米的试验。2010年，孟山都公司和陶氏等拥有实验室转基因玉米专利的种业巨头在墨西哥种植了13公顷试验田。近年来，墨西哥每年从美国进口将近1千万吨玉米，满足本国30%的玉米需求。由于享受美国大量补贴，进口玉米的价格只是当地产玉米的一半，墨西哥农民被迫降价，结果收入大跌，最终只能落入贫困。

美国的转基因农业技术向世界各地传播渗透，已获得巨额利润。孟山都等跨国公司通过技术垄断，实施国际技术转移以实现其在全球范围内利益最大化的行动，实际上是美国转基因农业战略的组成部分，符合美国的整体和长远利益。现代转基因种子的远征已失去丰富各国农产品种类的传统意义。

当前，种质资源已经成为重要战略资源，是衡量综合国力的指标之一，关系国家主权和安全。近年来，以美国为首的发达国家凭借其生物技术优势，加强生物育种知识产权保护，构建本国种业竞争优势。由于转基因种子商业价值碾压普通种子，发达国家依靠转基因种子在全球的远征扩张攻陷了发展中农业大国的土地，垄断了全球生物育种，控制了全球种业产业链和价值链，占有和掠夺了发展中国家的种业市场。

习近平总书记形象地指出，种子是农业的"芯片"，要加强种质资源保护和利用，加强种子库建设。中国的农业农村部提出，把种业作为"十四五"农业科技攻关及农业农村现代化的重点任务，加快启动实施种源"卡脖子"技术攻关，在畜禽种质资源、重大品种培育、条件能力建设、成果产业化应用等方面进行部署。

海洋渔业资源：欧洲北海渔场的鳕鱼之祸

海洋是人类的第二大粮仓，丰富的渔业资源是人类重要的食物来源之一，为世界上 2/3 的人口提供了 40% 的蛋白质。据估计，海洋中的生物资源能给人类提供的食物约是全球农产品产量的 1000 倍，这些资源集中分布于日本北海道渔场、英国北海渔场、加拿大的纽芬兰渔场、秘鲁的秘鲁渔场。

英国北海渔场位于北大西洋暖流和东格陵兰寒流的交汇处，盛产鲱鱼、鳕鱼、欧洲鳀、牙鳕、狗鳕、大比目鱼、鳐鱼等多种经济鱼类。北海渔场川流不息的鱼群养活了英国渔民，捕捞上来的海鲜也成为底层平民和王公贵族的鲜美食物。渔业是英国的重要产业之一，英国政府非常重视捕鱼权的争夺和维护。几百年来，英国与法国、挪威等欧洲国家围绕捕鱼权展开激烈争夺。17世纪初，英国和荷兰都是西欧渔业强国，为了争夺有限的渔业资源，两国之间爆发了长期的海上渔业纠纷。二战后，随着渔业资源的不断减少，扩大领海范围、增加北海渔场捕鱼区域的捕鱼权成为各国冲突焦点，并且烈度不断上升。例如，20世纪50年代至70年代，英国与冰岛为了争夺领海范围和捕鱼权，爆发了举世闻名的"鳕鱼战争"。来自北海渔场的大西洋鳕鱼刺少、肉质鲜美、容易捕捞，炸好后，热乎乎的鱼块与薯条一起被报纸包裹着出售，就成为英国广受欢迎的全民食品——"炸鱼薯条"（Fish and Chips）快餐。对英国人而言，鳕鱼不仅是一种美味，鳕鱼肝油还是治疗风湿骨病的良药。

二战前，英国为了让自家军舰能够在全球任何海域"自由航行"，强行要求所有国家的领海宽度限制在3海里以内。二战结束后，欧洲各国的捕鱼业逐渐恢复，北海地区的渔业资源开始呈枯竭之势，鳕鱼资源储量连年下降。英国为了维护渔业利益，仍死守3海里标准。这引起了欧洲其他国家的强烈不满，挪威随即提出领海宽度4海里主张。为此，1949年，英国将挪威起诉至国际法院，要求国际法院认定挪威4海里领海的要求无效。1951年，国际法院做出判决，支持了挪威4海里领海的主张。

1944年6月，冰岛摆脱了丹麦的殖民统治，获得了民族独立。冰岛四面环海，地理位置得天独厚，鳕鱼资源异常丰富，捕鱼业和水产品加工业成为冰岛的传统产业和支柱产业，20世纪50年代，冻鱼出口就占据了冰岛外汇收入的90%左右。国际法院支持挪威的判决出来后，冰岛援引这一判例，将自己的领海宽度设置为4海里。英国拖网渔船及其他国家渔船仍驶入冰岛附近海域，冰岛附近海域的渔业资源明显衰退。

1958年2月，联合国召开第一次海洋法会议，冰岛等国提出要将领海扩大到12海里。由于英美反对，第一次海洋会议没能达成任何决议。1958年5月24日，冰岛政府宣布将领海扩大到12海里，1958年9月1日起生效。领海12海里线生效后，英国渔民通过渔业工会不断给政府施压，触发了第一次"鳕鱼战争"。为了鳕鱼、为了选票，英国政府派出了53艘大小军舰，超过7000名水兵为本国渔船护航。冰岛全面应战，派出7艘装备了小口径火炮的巡逻艇和1架水上飞机；大力游说各国媒体和政府，谴责英国的侵略行径；抓捕没有护航的英国渔船渔民到港口罚款。经过多轮攻防后，英国被迫与冰岛和谈，承认冰岛12海里领海。冰岛同意英国在指定区域和外围6海里拥有三年的捕鱼权。冰岛取得第一次"鳕鱼战争"的胜利。

1971年，冰岛进一步宣布将限渔区扩大到50海里。1972年9月生效之时，第二次"鳕鱼战争"爆发。冰岛海岸警备队使用拖网线切割机，切断不听劝阻的英国拖网渔船的缆线，英国人强烈抗议。1973年9月16日，北约秘书长约瑟夫·伦斯撮合英国对冰岛妥协。1973年11月8日，英国宣布退出冰岛的50海里限渔区，而冰岛则允许英国在50海里内的某些特定海域捕鱼两年。

1975 年，受联合国第三次海洋法会议的影响，冰岛宣布将限渔区扩大到 200 海里。同时，英国的两年捕鱼期到期，第三次"鳕鱼战争"爆发。5 个月内英国军舰 55 次撞击冰岛巡逻船，英国政府还拒绝美国和北约的调停。1976 年 2 月欧共体公开宣布：欧洲各国的海洋专属区均限定在 200 海里，美国也公开表示支持冰岛立场。1976 年 5 月 13 日英国人被迫签订协议，承认了冰岛的 200 海里主张。

数百年来，比利时、丹麦、德国和法国等欧洲国家的渔民一直在英国海域内以捕鱼为生。20 世纪 60 年代，英国与法国、比利时、荷兰、德国等签订了《伦敦渔业公约》，允许这些国家渔船到英国海域捕鱼。引入 200 海里专属经济区主张后，北海沿岸国家开展了北海渔业共享资源管理合作。20 世纪 80 年代，作为欧盟前身的欧洲共同体实施"共同渔业政策"，后来演变成欧盟"共同渔业政策"。在该政策框架下，欧盟国家相互开放本国的海上专属经济区，欧盟给各成员国分配各品种鱼类的可捕捞配额，欧盟和英国在北海和北大西洋纳入配额制的鱼类达上百种。欧盟渔民每年在英国水域的捕渔总收入达 6.5 亿欧元，根据欧洲议会报告，在英国专属经济区捕捞的渔业产值，约有 40% 属于欧盟 8 国，使欧洲形成了一条优势互补的跨国渔业产业链。

虽然北海渔场的鳕鱼实行严格的捕捞配额，但到 20 世纪末，捕捞上来的鳕鱼出现了越来越明显的小型化和低龄化现象，预示着北海的鳕鱼资源走到了崩溃的边缘。同时，当地鳕鱼种群的繁殖力降低，后续种群恢复受到很大的制约。2000—2010 年 10 年间，东北大西洋的大西洋鳕鱼捕捞量下降 30%。英国渔民对英国海域的大部分捕捞配额都分配给了欧盟国家非常不满。2016年英国"脱欧"公投前，英国"脱欧"派向国内做出承诺，矢言"保障英国对渔业资源的控制权"，首相约翰逊在 2019 年大选前也再次强调了这一立场。2016 年英国"脱欧"，2017 年英国宣布退出《伦敦渔业公约》，退出欧盟"共同渔业政策"。英国和欧盟同意 5 年半过渡期，在过渡期内，欧盟在英国水域减少 25% 捕鱼量。在过渡期后，双方每年将就互进捕捞区的规范进行磋商。

2020 年 6 月 2—5 日，英国和欧盟就未来关系举行最后一轮谈判，最艰难的部分就是捕鱼权问题。英国政府认为，欧盟的捕鱼"配额制"并不公平。根据欧盟 2018 年发布的报告，2011 年至 2015 年，欧盟各国平均每年在英国海域的捕捞量是 76 万吨，而英国在欧盟其他国家海域的年均捕捞量只有 9 万吨。根据国际法，英国在"脱欧"后即成为一个独立的沿海国家，对其 200 海里的专属经济区具有控制权。欧盟对英国海域的依存度更高，在渔业谈判中英国掌握了话语权。2020 年 12 月 25 日，双方在英国水域捕渔权问题上达成妥协，英国夺回了本国海域的渔业控制权。

根据"脱欧"协议，2021年1月1日起，欧盟国家渔民能够获得捕鱼许可，进入英国海域捕鱼。2021年4月，法国渔民对英国延迟向他们发放在英国水域捕鱼的许可证感到愤怒，架设路障阻挡英国运送进口鱼的卡车进入法国。5月5日，英国向自治岛泽西岛派遣两艘炮艇，法国旋即向该岛派出了两艘海军巡逻艇。

根据欧盟委员会提供的数据，英国政府在2021年10月法方提交的47份捕鱼许可证申请中，只批准了其中的15份。法国欧洲事务部长博纳透露，法国还缺少约200张捕鱼许可证。10月27日，因不满英国收紧向法国渔船发放捕鱼许可证，法国政府发表声明称，计划从11月2日起采取针对英国捕鱼业的制裁措施，包括禁止英国渔船停靠部分法国口岸，加强对英国输入商品的卫生检疫与通关检查等。声明指出，法国政府下一步还计划限制向英国的能源供给。法国政府于10月28日扣押了一艘英国拖网渔船，声称该渔船在没有许可证的情况下在法国领海非法捕捞了2吨扇贝，还向另一艘英国渔船发出口头警告。英国政府当即对法国扣押英国渔船的举动表示失望，强调法国的举动将得到"适当和有针对性的"回应。11月1日，法国总统马克龙与英国首相约翰逊会晤后宣布，法方将推迟实施原定于11月2日对英国渔业和贸易采取的制裁措施。11月26日法国渔船船员再次威胁要封锁法国的港口和英吉利海峡的交通，以扰乱货物流向英国。

一年来，英国和法国的业内人士和政府高官就渔业争端打嘴仗，言辞尖锐，针锋相对；双方甚至出动海警，借口维权执法扣船、抓人、罚款，甚至将捕鱼争议延伸到封锁港口、威胁能源断供，双方渔业争端相持难解。

20世纪初期，世界海洋年均捕捞业产量约350万吨。第二次世界大战以后，科技进步和经济发展促进了渔业技术和商业运行模式的发展，人类的捕捞能力不断提升。1996年全球海洋捕捞业产量达到8630万吨高峰，1996—2005年年均捕捞业产量为8300万吨，2006—2015年年均7900万吨，2016年约7800万吨，2017年约8120万吨，2018年约8440万吨。联合国粮农组织对所评估海洋鱼类种群开展的监测显示，20世纪70年代开始，海洋渔业资源状况持续恶化。在全球生物可持续限度内捕捞的海洋鱼类种群比例呈下降趋势，从1974年的90%下降至2017年的65.8%。全球生物不可持续限度内的鱼类种群比例从10%上升到34.2%。以金枪鱼为代表的部分鱼类遭过度开发现象比较严重，鱼类资源被完全开发引发资源衰退的趋势仍在加剧。其实，早在20世纪90年代，全球的渔业资源已经进入了衰退期。为了满足不断增长的人口对鱼类资源的需求，保护海洋渔业资源成为沿海国家政府政策重点和维护本国粮食安全的重要内容。照此趋势，全球海洋国家间围绕渔业的纷争也将持续不断，并威胁国家安全。

参 考 文 献

1　联合国粮农组织:《2010 年世界渔业和水产养殖状况》。

2　联合国粮农组织:《2020 年世界渔业和水产养殖状况》。

3　联合国粮农组织:《世界粮食和农业领域土地及水资源状况》。

4　[加] 莫德·巴洛、托尼·克拉克著,张岳、卢莹译:《水资源战争》,当代中国出版社 2008 年版。

5　方修琦、苏筠、郑景云、萧凌波、魏柱灯、尹君等:《历史气候变化对中国社会经济的影响》,科学出版社 2019 年版。

6　陈华山:《市场经济与农业现代化》,湖北教育出版社 1995 年版。

7　刘志扬:《美国农业新经济》,青岛出版社 2003 年版。

8　安国政主编:《世界知识年鉴 1998/1999》,世界知识出版社 1999 年版。

9　姚毓春、夏宇:《日本、韩国粮食安全现状、政策及其启示》,《东北亚论坛》2021 年第 5 期。

10　张璇:《尼罗河流域的水政治:历史与现实》,《阿拉伯世界研究》2019 年第 2 期。

11　王宝卿、王思明:《花生的传入、传播及其影响研究》,《中国农史》2005 年第 1 期。

12　钟金传、吴文良、夏友富:《全球转基因大豆发展概况》,《生态经济》2005 年第 10 期。

13　王邵宇:《转基因大豆的发展及其风险探究》,《粮食科技与经济》2018 年第 7 期。

14　何树全:《NAFTA 与墨西哥玉米:预期与实际效果的比较分析》,《国际贸易问题》2006 年第 11 期。

15　孙康、周晓静、苏子晓等:《中国海洋渔业资源可持续利用的动态评价与空间分异》,《地理科学》2016 年第 8 期。

第三章

矿产与
国家兴衰

矿产资源在自然界中广泛存在，在生活中应用极为普遍，是现代工业中非常重要和应用最多的一类物质。人类文明发展和社会的进步与矿产资源的开发利用密切相关。卡尔·马克思按照生产工具的不同，将工业化之前的人类社会依次划分为石器时代、青铜时代和铁器时代，青铜时代和铁器时代的重要标志就是以铜和铁作为生产工具。千百年来，矿产资源与人类活动息息相关，见证且影响了人类的发展，成为国家兴衰的注脚。

"货币天然是金银"

一般而言，矿产资源可分为金属和非金属矿产两大类。其中金属分类种类繁多，以颜色为界可划分为黑色金属和有色金属，如铁、铬、锰是黑色金属，而铝、镁、钾、钠等属于有色金属。以 4500kg/m³ 的密度为界可分为轻金属和重金属，钛、铝、镁、钾等属于轻金属，铜、镍、钴、铅等为重金属。在金属领域，还有一类十分特殊的金属种类，即以黄金、白银为代表的贵金属，它们价格昂贵，地壳丰度低，提纯难度高。

黄金是一种质地偏软、颜色金黄、抗腐蚀的贵金属。它不仅是用于储备和投资的特殊通货，同时又是首饰业、电子业、现代通信业、航天航空业等部门的重要材料。黄金的化学符号为 Au，该符号取自罗马神话中的黎明女神欧若拉（Aurora），意为"闪耀的黎明"。白银质软，掺有杂质后变硬，颜色呈灰、红色。除用于储备外，作为电子元件、摄影胶片和银饰品的原材料是白银的传统用途。近年来，杀菌剂和高温超导线等成为白银新的"用武之地"。白银的化学符号是 Ag，来自拉丁文 Argertum，意为"浅色、明亮"。人类对于金银充满了无穷的遐想，从两个化学符

号便可窥知一二。

伟大的无产阶级革命导师卡尔·马克思在《政治经济学批判》里有这样一句名言："金银天然不是货币，但货币天然是金银"。这是对黄金和白银最好的诠释。马克思把人类经济活动分为四个环节，即生产、分配、交换、消费。早期，人类实行易物交换。随着生产力的不断进步，物物交换显然已经制约生产力的发展，于是能够充当一般等价物的商品应运而生。历史上，曾有许多商品被用作交换媒介。古希腊诗人荷马的诗篇中，曾提到这样的交换关系：1个女奴隶换4头公牛，一个铜制的三角架换12头公牛等。公元前500多年雅典的《梭伦法典》中，以占有大麦的多少划分居民富裕的等级。可见，在古希腊，公牛和谷物都曾是交易的中介。而在中国古代，贝壳、羊、布、铜器等曾充当过一般等价物。但是相比于这些货物，金属是最适合的：其一，金属货币坚固耐磨，不易腐蚀，既便于流通，又适合保存；其二，金属质地均匀，便于任意分割，分割后可再熔化恢复原形。在经过漫长的尝试后，人们最终不约而同地选择了金属作为经济交换的中介物。最初被选中的是与贵金属相对应的贱金属，多数国家和地区使用的是铜。这与当时的商品经济水平是相适应的。但铜的价值量偏低，不适合用于大宗交易。在贵金属的开采和冶炼技术提高后，货币开始逐渐由铜向白银和黄金过渡。

16 世纪是世界史的一个分水岭。在世界的西方，产业革命喷薄欲出，西班牙帝国因地理大发现而占得先机，但是却没能"笑到最后"。在世界的东方，大明王朝一度开放国门，初步形成银本位制度，经济发展取得一定成就，但不成熟的经济制度也带来种种问题。巧合的是，这一时期东西方的历史嬗变都与白银息息相关。

16 世纪，欧洲西南部的西班牙正在享受着地理大发现带来的种种荣耀。欧洲早于东方实行贵金属本位制。由于商品经济的发展，欧洲货币需求量大增，西方学者称之为"贵金属奇缺的欧洲"。地理大发现改变了这一切。1492 年西班牙王室为拓展海外市场，派遣哥伦布航海寻找贸易新路线，其船队发现美洲并登陆，随后在墨西哥、玻利维亚等地发现了大量白银和黄金矿藏。葡萄牙不甘落后，将富饶的巴西纳入自己的殖民版图。西班牙和葡萄牙殖民者如饿狼般吞噬着美洲印第安人的黄金白银，并肆意奴役甚至屠杀印第安人。一位玻利维亚作家曾说，西班牙在300年间从玻利维亚波托西省掠夺的矿石足够架起一座从山顶通往大洋彼岸皇宫门口的银桥。而广大拉美国家因遭受了西方殖民者无情的掠夺，错失了率先发展的"第一桶金"，至今许多地区仍处于贫穷落后的阶段。

同时，欧洲船队陆续开辟其他新的贸易路线。16世纪，葡萄牙人、西班牙人先后抵达东南亚，并开始在这些地方开展殖民和贸易活动。1567年，明穆宗朱载垕下令解除海禁，允许中国民间开展海外贸易。明朝时期中国很快成为当时世界上海外贸易最繁忙的国家之一，大量商船将欧洲人需要的丝绸、瓷器等商品运送到菲律宾的马尼拉，换取白银再运送回中国。这样，来自美洲的白银就源源不断地流入中国。1573年，明神宗朱翊钧登基，内阁首辅张居正开始执掌大权。1581年，为解决赋税问题，张居正下令推行"一条鞭法"。所谓"一条鞭法"，即将田赋、徭役等合并，通过银两缴纳。

"一条鞭法"是中国历史上一次具有深远影响的社会变革，这既是明代社会矛盾激化的被动之举，也是中国古代商品经济发展到一定程度的主动选择。其一，"一条鞭法"使由赋役问题产生的阶级矛盾暂时得到缓解，有利于农业生产的发展；其二，"一条鞭法"促使赋役货币化，使较多的农村产品投入市场，令自然经济进一步瓦解，为工商业的进一步发展创造了条件。可以说，"一条鞭法"是张居正改革的基础，是"万历中兴"出现的经济前提。大明王朝通过对外贸易使大量白银流入市场。然而，在货币制度尚未完全成熟的情况下，白银大量输入也带来了诸多问题：一是通货膨胀，物价上涨；二是阶级矛盾激化。明朝的商业服务税极低，主要靠向农户征税，大量白银集中在达官贵人、富商贵胄手中，百姓的生活愈发艰难。这些问题都为后来明朝灭亡埋下了伏笔。

反观欧洲，从美洲掠夺的白银最初确实为西班牙王室带来了实实在在的利益。它们支撑起庞大的战争机器，令西班牙的殖民地遍及全球。但是由于白银供给迅速扩大，商品供给未能同步提升，包括西班牙在内的整个欧洲出现了前所未有的通货膨胀，后人称之为"价格革命"。面对恶性通胀，西班牙王室限制商品出口，以满足国内消费需求。但是在工业革命萌芽期，这种做法无疑是将庞大的海外市场拱手让人。英国、法国和荷兰等后起之秀借机拼命发展产业，它们的商品更加物美价廉。而西班牙则陷入了恶性循环，工业发展毫无动力，只是热衷于用美洲的贵金属来购买外国商品。1558 年，西班牙塞维利亚有 1.6 万台纺织车，但是到 16 世纪末只剩下了不到 1000 台。葡萄牙也一样，为帮助本国酒业抢占英国市场份额，不惜向英国开放了本国和葡属殖民地的市场，就这样，从巴西掠夺来的黄金都进入了英国商人的口袋。由此，美洲的白银和黄金像水一样从西班牙和葡萄牙匆匆流过，最终进入了英国、德国等国的银行家和债主手中。

继西班牙之后，英国成为了世界霸主。毫无疑问，英国的成功得益于率先完成第一次工业革命。领先于全球的融资制度是英国率先"冲线"的重要保障，金本位制度功不可没。17世纪末，英国人成立了世界第一家中央银行，发行了纸币——英镑。纸币的出现并不稀奇。早在11世纪，北宋时的西川便出现了历史上最早的纸币——交子。但是将纸币与贵金属捆绑并冠以国家信用则是英国人的创举。1717年，大科学家艾萨克·牛顿爵士将每盎司黄金定价为"3英镑17先令10.5便士"，贵金属和纸币在英国实现了人类历史上第一次"联姻"，英镑的信用由此奠定，现代货币制度由此诞生。1816年，英国通过了《金本位制度法案》，正式以法律的形式规定黄金作为货币的本位来发行英镑。从此，英镑随着大英帝国的商品一起走向世界。19世纪中后期，主要西方国家相继从银本位制、金银复本位制转向金本位制，英镑凭借其优异的信用成为历史上第一个国际储备货币，"日不落帝国"的势力达到了巅峰。该时期，各国可以按照各自货币平价规定的金价无限制地买卖黄金。

人类彻底转向金本位的半个世纪内，世界爆发了两次世界大战。这两场浩劫使得欧洲的黄金大量流入美国。二战结束前，美国实力大增，其黄金储备约占世界储备的3/4，统治世界的野心急剧膨胀。1944年7月，44个国家的代表在美国新罕布什尔州的布雷顿森林镇举行会议，讨论战后货币体系问题。英国代表、著名经济学家凯恩斯提出"超主权货币"的概念，但是拥有庞大黄金储备的美国轻而易举地掌控了会议进程，制定了以"美元挂钩黄金"的国际固定汇率制度，即"布雷顿森林体系"。具体而言，美元价格与黄金挂钩，一美元相当于1/35盎司的黄金，其他国家的货币则与美元形成固定汇率，波动不得大于1%，并规定黄金不可以自由买卖。布雷顿森林体系的建立，确立了美元的世界中心货币位置，让美国坐上了世界资本主义集团的头把交椅。1971年8月，因美国深陷越战泥潭，经济危机频繁爆发，黄金大量外流，加上国际固定汇率制度本身不可摆脱的矛盾性，布雷顿森林体系被尼克松政府宣告结束，美元与黄金脱钩。1978年，国际货币基金组织规定黄金可以自由拥有和买卖，国际货币体系进入黄金非货币化阶段。

然而，黄金是经过历史长期验证的避险资产，被视为保护财富的手段。"自古黄金贵，犹沽骏与才"——唐朝诗人陆龟蒙在1100多年前就发出如此感慨。当前，黄金的价格仍然居高不下。一些国家也十分注重囤积黄金，将其作为保障国家安全、政权安全的手段之一。如何保证黄金储备安全也成为重要议题之一。多年前，委内瑞拉政府将 31 吨黄金存放在英格兰银行托管，不料马杜罗政府上台后招致美西方围堵打压，英国唯美国"马首是瞻"，决定长期扣留其存放在英格兰银行的这批黄金，企图掐断马杜罗政府的资金来源，这一系列博弈引发外界高度关注。同时，在浮动汇率机制下，货币危机似乎有愈演愈烈之势，这也引发了人们对重回贵金属本位制的思考。当然，历史的车轮总是无情地将一切碾压，并扬长而去，但那些时代留给后人的将是无尽的思索。

人类文明与常用金属

人类文明发展和社会的进步同金属材料关系十分密切，其中铜、铁、铝是三种最常用的金属。马克思按照生产工具的不同，将工业化之前的人类社会依次划分为石器时代、青铜时代和铁器时代，青铜时代和铁器时代的显著标志就是使用铜和铁。工业革命后，铜和铁继续在人类社会里发挥重要作用，被誉为"铜博士"和"工业骨骼"。与铜和铁不同的是，铝由于属性特殊，在前工业时期并不为人所熟知。在电解铝工艺出现后，铝制品才走入千家万户。除了经济用处，铜、铁和铝也是十分重要的军事资源，在近代战争中用途广泛。与黄金和白银相比，这三种常用金属的全球储量丰富，但分布十分不均。目前，中国是全世界铜、铁和铝的最大进口国，确保矿产稳定供应是维护我国资源安全的重要课题。

青铜时代与"铜博士"

铜色泽紫红，地壳丰度低于铝和铁，仅约 0.01%。铜的熔点不高，冶炼工艺简单，是人类最先使用的金属之一。公元前 4000 年至公元前 3000 年，人类从新石器时代跨入青铜时代。也几乎是在同一时期，文字开始出现，人类文明历史进入一个新阶段。青铜是纯铜与锡或铅的合金，埋在土里后颜色因氧化而发青灰，故名青铜。青铜器的出现对提高社会生产力起了划时代的作用。中华文明是最早使用青铜器的文明之一。"国之大事，在祀与戎。"对于中国先秦中原各国而言，最大的事情莫过于祭祀和对外战争。作为代表当时先进生产力的青铜也被用在了祭祀礼仪和战争上，形成了具有中国传统特色的青铜器文化体系。

工业革命后，铜在经济发展中继续发挥重要的作用。铜延展性好，导热性和导电性高，铜合金机械性能优异，因此铜被广泛地应用于电气、轻工、机械制造、建筑工业、国防工业等领域。由于铜需求通常可直接反映宏观经济活动，当实体经济有起伏时，铜价也会随之波动，因此铜被投资者称为"铜博士"。

除了经济用处，铜也是重要的战争资源，如子弹和炮弹的弹

壳便是铜制品。第一次世界大战期间，协约国从美国购买了包括铜在内的价值150亿美元战略物资。李大钊先生曾在《战争与铜》一文里如此描述美国铜业对一战及战后重建的巨大作用，"今美有约六十万吨之对外供给力，以美国式之托辣斯（Trust）之企业组织，临欧洲交战国。俄德奥虽少产铜，而为数甚微，英法又夙以乏铜称。然则协商国苟欲继续其战争，此项重要之战斗品，必不可不仰给其大部于美。即战争一旦终结，战后之工场恢复，电气业之诸般设备，以及武器之补充等，均需铜甚巨。此美国业产铜者所以挟其独占之威力以高提其值，固不问初期去今之邅迍也。"第二次世界大战期间，美国向苏联提供了约数十万吨铜矿，是苏联战胜德国法西斯的重要保障。

从全球铜矿资源分布来看，美洲是铜精矿产量最高的地区，亚洲尤其是中国的铜资源相对匮乏，这使得全球铜精矿贸易十分活跃。目前，中国是世界第一大精炼铜消费国，铜资源对外依存度高达80%。虽然近年中国有色金属企业"走出去"步伐不断加快，海外铜资源权益储量不断增加，但在中国铜冶炼产能有增长预期的大背景下，中国自产及海外权益矿产量仍难以满足国内巨大的冶炼需求。

铁器时代与"工业骨骼"

铁色泽银白，占地壳含量的4.75%，仅次于氧、硅、铝，位居地壳含量第四。尽管地壳含量丰度并不低，但人类最早使用的铁器却来自于天上掉落的陨石。人类对陨铁的认识经历了漫长曲折的历程。古代两河流域的苏美尔人把铁称为"天上的铜"。古代阿拉伯人曾说过，"铁是出产在天上的"。公元前 1000 年左右，人类开始大规模使用铁器。铁器的应用和推广，在人类社会发展史上具有划时代的意义，人类开始进入新的文明阶段。

工业革命后，铁对于人类文明的战略意义进一步提升。没有钢铁生产工艺的改进，工业文明无从谈起。蒸汽机的广泛应用提升了社会生产力，提振了钢铁行业，无独有偶，冶铁业的燃料从木炭转向焦炭。蒸汽机的应用提升了鼓风炉风力，燃料的转变提升了冶铁热能，两者的结合大幅提高了生铁产能。1850 年，英国冶金学家贝斯麦研发出转炉炼钢法，使低成本的大规模炼钢成为可能。受益于此，英国粗钢产量一度占据世界总产量的一半，为其称霸世界奠定了雄厚的物质基础。进入 20 世纪后，钢铁产量依旧是国家工业实力最重要指标，不少发展中国家在进行经济规划时都将钢铁产能作为重要指引。

与铜一样，铁也是重要的战争资源，甚至可以说是最重要的战争资源，"钢铁洪流"是热兵器时代军力强盛的最佳写照。明治维新后，日本成为亚洲第一个工业国家。但由于本土铁矿匮乏，日本对中国东北的铁矿资源觊觎已久。日俄战争期间，日军第 34 联队在鞍山汤岗子发现指南针两次失灵，于是认定该地区有丰富的铁矿。日俄战争后，日本取代沙俄开始了在辽东半岛的殖民统治，霸占了"南满"铁路和旅大租借地，并于1906年成立了"南满洲铁道株式会社"（简称"满铁"），成为对中国东北进行经济文化侵略的大本营。1909年，"满铁"对鞍山地区进行非法探矿，确认此地为开矿建厂冶炼钢铁的宝地。1918年，"满铁"筹备的鞍山制铁所正式成立。此后十年内，鞍山制铁所的铁矿产量从8.8万吨提升至约60万吨。产量如此飙升，折射出了日本军国主义日益膨胀的侵略野心。东北沦陷后，日本为加速军事扩张，加快了对东北铁矿的攫取速度。1933年，在鞍山制铁所的基础上，关东军与"满铁"成立鞍山昭和制钢所。1943年，鞍山昭和制钢所年产钢84.3万吨，成为日本在海外最大的钢铁企业，极大地满足了其"以战养战"的罪恶目的。

与铜矿相比，全球铁矿石资源更加丰富，但分布十分不均，主要集中在巴西、俄罗斯和澳大利亚，三国储量之和约占世界总储量的一半。中国是世界第一大铁矿石进口国，但在铁矿石市场的话语权亟待进一步提高。目前，淡水河谷、力拓、必和必拓和FMG四大矿商对全球优质铁矿石资源形成高度垄断。仅2019年，四大矿商的铁矿石产量合计接近全球产量的一半。未来，随着环保要求的日益提高，中国对优质铁矿资源的需求日益高涨，而全球未开发的优质铁矿资源逐年减少，拥有低成本铁矿石产品的四大矿商竞争力将更加显现，全球铁矿石供需博弈将更加

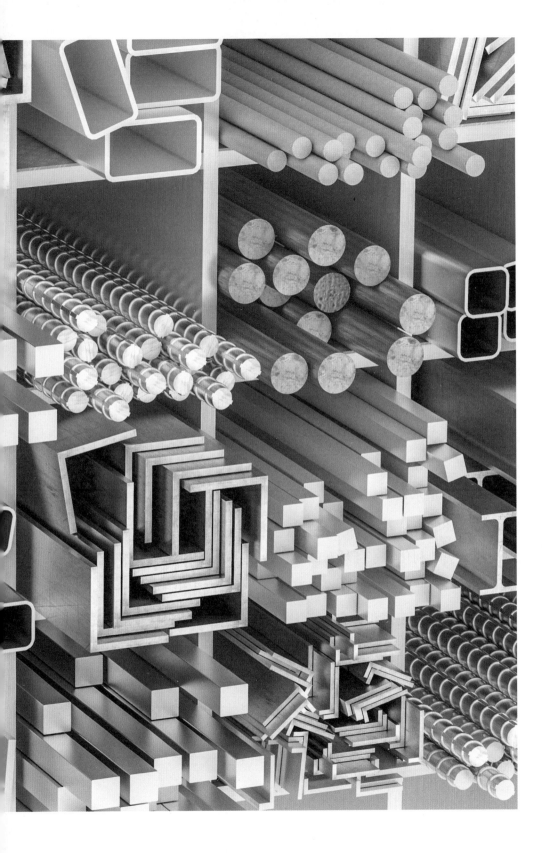

激烈。

"飞入寻常百姓家"的铝制品

铝色泽银白，有延展性，易溶于稀硫酸、硝酸、盐酸等，难溶于水。虽然铝元素是地壳中含量最丰富的金属元素，但是由于铝与氧的亲和力极大，在电解铝工艺成熟前，人类很难用碳和当时已知的其他还原剂将它还原出来。因此，人类文明史上没有经历过所谓的"铝器时代"。

1825 年，丹麦物理学家艾尔斯忒首次制得了铝，他用碱金属把铝从它的卤族化合物中取代出来。这种利用"化学法"制得的铝，成本非常昂贵。因此，在 19 世纪 80 年代以前，铝的价值甚至高于黄金，当时只有王室才能用得上铝制品。铝也被誉为"金属中的贵族"。1886 年，法国人波里·埃鲁和美国人查理斯·霍尔发明了电解法制铝的新工艺，改变了传统的化学制法。1888 年，第一批电解铝厂在法国、瑞士和美国投产。1889年，奥地利化学家拜耳在前人实验的基础上研究出电解氧化铝的办法，从此铝开始走入寻常百姓家，广泛应用于国民生产各个领域。铝合金密度低，但强度比较高，接近或超过优质钢，塑性好，可加工成各种型材，具有优良的导电性、导热性和抗蚀性，工业上广泛使用，使用量仅次于钢。铝制品在我们的日常生活中随处可见，大到汽车、房屋，小到锅碗瓢盆，都能看到铝制品的身影。铝型材制品近 1/3 应用在建筑行业上，主要为制作铝门窗、结构件、装饰板、幕墙铝板等。铝合金是目前世界上最理想的绿色建筑结构材料，以铝代木可以大大减少砍伐，保护地球的森林，实现绿色和低碳发展。交通行业也是用铝大户，汽车制造业、铁路及轨道车辆制造业和集装箱制造业是应用最广、增长最快的三大领域。电力电子行业里，由于其良好的导电导热性，铝被广泛应用于制作铝线缆、变压器和电子元器件等。此外，铝还被用于易拉罐、香烟盒等外包装上。

作为常用金属，铝在现代战争中也大放异彩，被誉为"飞行的金属"。1906 年，德国人威尔莫发明了一种含有少量铜、锰、镁和铝的铝合金。这种新式铝合金质轻且坚硬，很适合用来制作飞行器。因其首次在杜拉实现工业生产，故命名为"杜拉铝"。第一次世界大战期间，德国人用杜拉铝制造了"齐柏林"飞艇，性能远优于当时的软式飞艇。1915 年，德国使用"齐柏林"飞艇对英国进行远程轰炸，创造了人类首次空战的历史。虽然轰炸损失微不足道，但心理打击却极其沉重，以致英国人将这种飞艇带来的打击称为"齐柏林大恐慌"。一战结束后，新型铝合金工艺的发明使飞机制造业飞速发展。20 世纪 30 年代，美国道格拉斯飞机公司用新式铝合金生产出被称为"空中之王"的 DC-3民用运输机及其军用型号 C-47 军用运输机。抗战期间，侵华日军占领了中国沿海并切断滇缅公路，导致中国外援受阻。盟军用

C-47 军用运输机开辟了著名的"驼峰航线"，把大量物资空运至中国，有力支援了抗日战争。由于沿途气候异常恶劣，失事飞机数量众多，"驼峰航线"便有了"铝谷"之称。1945 年，美国《时代周刊》如此写道："在长达 800 余公里的深山峡谷、雪峰冰川间，一路上都散落着这些飞机碎片，在天气晴好的日子里，这些铝片会在阳光照射下烁烁发光，这就是著名的'铝谷'——驼峰航线"。整个二战期间，美国未受炮火袭扰，铝工业发展迅速。1945 年，北美原铝产量约占世界的 61%，而美国在战争期间用于航空工业的铝则占其铝产量的 86%。可谓之，没有现代化的铝工业便没有二战盟军的制空权。

同样，全球铝土矿资源丰富，但资源分布很不均衡。从国家分布来看，铝土矿主要分布在几内亚、澳大利亚、巴西、牙买加、越南、印度尼西亚等。中国铝土矿储量匮乏，仅占到全球铝土矿资源储量的 3.5%，进口依赖度高。2017—2020 年，中国铝土矿进口量连续四年保持 20% 以上的增长。2017 年开始，几内亚超越澳大利亚，成为中国最大的铝土矿供应商。2020 年几内亚出口铝土矿 8240 万吨，是全球最大的铝土矿出口国，其中 5267 万吨出口到中国。2020 年中国从几内亚进口铝土矿占总进口量的 47.2%。2021 年 9 月，几内亚发生军事政变，全球铝价飙升至十年来最高水平，中国铝业在港交所的股价也一度上涨10%。

稀土战争会再次爆发吗？

2009 年 9 月，中日爆发钓鱼岛之争，中国随后出台限制对日稀土出口等一系列措施，引起日本朝野震动。日本不甘受制，联合美英等国要求中国缓和对稀土的出口规制。一时间关于"稀土战争"的说法甚嚣尘上。稀土究竟是何种物质，能够引发各国为此大动干戈？未来还会爆发第二次稀土战争吗？

神奇的稀土

稀土一共包括 17 种化学元素，其中 15 种是原子序数从 57 到 71 的镧系元素（镧、铈、镨、钕、钷、钐、铕、钆、铽、镝、钬、铒、铥、镱、镥），以及与镧系元素具有相似化学性质的原子序数为 21 的钪和 39 的钇。1794 年稀土首次被芬兰化学家发现并成功分离。由于当时发现的稀土矿物较少，而且外观上呈现为难溶于水的土状物质，因此被命名为"稀土"。其实稀土并不稀少，只是相对分散。在自然界中，稀土主要富集在花岗岩、碱性岩、碱性超基性岩以及与它们有关的矿床中。

稀土元素被誉为"工业黄金"和"现代工业的维生素"，它具有丰富的光、电、磁、热特性，战略作用十分突出。人类对稀土的应用相对较晚，但发展迅速。自 20 世纪 30 年代起，稀土才开始应用于生产白炽灯罩、稀土打火石和弧光灯碳极芯。第二次世界大战后，美国出台原子弹研制计划即"曼哈顿计划"，因稀土元素与铀、钍等放射性元素性质相似，科学家就将稀土作为其代用品加以利用。20 世纪 60 年代，氧化钇、氧化铕开始作为红色荧光体应用于彩色电视显像管。随着科学技术不断进步，稀土的重要性逐步显现。农业领域，稀土元素可以提高植物的叶绿素含量，增强光合作用，促进根系发育和对养分的吸收。稀土还能提高种子发芽率，促进幼苗生长。某些作物使用稀土元素后，能增强抗病、抗寒、抗旱的能力。工业领域，稀土元素添加到其他金属中，能提高金属的弹性、韧性和强度，因此被广泛应用于生产喷气式飞机、导弹、发动机、防辐射的防护外壳及耐热机械等各种军事和工业设备。目前世界各国的大口径厚壁钢炮采用的合金钢中加入稀土元素，可以大幅提升炮膛的韧性和强度。钴及钕铁硼永磁材料被广泛用于电子及航天工业。就电子行业而言，稀土是硬盘和芯片的重要组成。

稀土一旦应用于军事，就能够带来军事科技的跃升。我们也许还记得，在 1991 年的海湾战争和 2003 年的伊拉克战争中，美军曾使用区区几辆 M1A1 坦克在夜晚完胜十几辆苏联制 T-72 坦克。这是因为 M1A1 坦克的激光测距仪由于使用了铒等稀土元素，可以达到 4000 米的瞄准距离，远远超过了苏联制 T-72 坦克。美军在地面战争中使用的夜视设备还大量使用了镧。这种元素加入设备后，就像人的眼睛加上望远镜，还可以让人在黑暗条件下看清面前的物体。此外，稀土元素还在导弹制导系统和先进战机制造中大显身手，提高了美军在局部战争中的空中力量和精准打击能力。稀土永磁材料可以提高导弹的精确制导能力。在海湾战争中，美军战机曾在 100 千米之外用两枚"斯拉姆"空对地导弹摧毁了伊拉克一个重要水电站。而战机实现超音速巡航，也需要稀土材料制造的发动机以及含有稀土成分的机身。20 世纪 90 年代局部战争中经常亮相的 F-15、F-16 战斗机，其发动机多用掺钇氧化锆耐高温部件。

稀土元素对清洁能源尤为重要。镧主要应用于车用电池。钕常被用于制造电动车发电机的大功率、轻量化磁体。钕铁硼是永磁风力发电机制造所需要的重要材料。稀土在太阳能发电储能和节能灯等能源领域也被广泛应用。另外，燃料电池、天然气催化燃烧、水污染治理、空气净化等领域对稀土催化材料的需求也大幅度增加。在气候变化对地球影响日益加大的背景下，各国纷纷出台碳中和目标，加大清洁能源开发，预计未来全球对稀土需求将继续增长。

我国的稀土之路

邓小平曾指出，"中东有石油，中国有稀土"，可见中国稀土资源的优势。据美国地质调查局公布的数据，1990 年我国稀土储量曾占全世界的 80%。其中，我国 98% 的稀土集中在内蒙古、江西、广东、四川、山东等地区，内蒙古的白云鄂博矿是世界最大的稀土矿山，占国内稀土储量的 90% 以上。但从 20 世纪 80 年代起，我国企业开始大规模开采和出口稀土。到 2011 年，我国稀土的储量已经降至世界总储量的 23%，低于美国（40%）和俄罗斯（30%）。2012 年根据国务院新闻办统计，当时我国承担了世界 90% 以上的市场供应，远远超出了自己的储量所占份额。稀土行业鱼龙混杂，南方出现大批私人小矿山，稀土开采属于重污染行业，许多矿区未建有配套污染处理设施，造成了生态问题。而我国出口的稀土大量流入美国、日本、韩国等国，除了少部分用于工业生产，其余都被它们囤积起来，或是等待中国需要进口稀土时以高价卖出，或是作为战略储备，以备不时之需。同时，我国稀土价格长期受国外控制，中国企业间的恶性竞争使得稀土被卖出白菜价，企业所获的利润十分微薄。

为了保护战略资源、维护国家利益，中国政府加大重视，及时调整政策，对稀土行业实施限额生产和限制出口，提高税收标准，建立稀土储备制度，同时加强监管力度，加大打击民采偷盗行为。针对稀土行业集中度低、稀土定价权缺失、产业竞争力差等问题，国家加速整合稀土行业，形成几家大型稀土产业集团。通过调控，稀土行业的混乱状况一定程度得到解决。2017 年，中国稀土产量达 10.5 万吨，占全球稀土总产量的 81%。2019 年，该比例降至 63%。到 2020 年，我国稀土产量进一步降至全球总产量的 57.57%。同时，我国在全球的稀土储量占比有所提高。据美国地质调查局统计，2020 年中国储量为 4400 万吨，占全球稀土储量（1.2 亿吨）的比例升至 36.7%。但值得注意的是，我国稀土冶炼提取技术不足，稀土产品深加工技术不够先进，每年仍需要从国外进口部分稀土精炼产品。

悄无声息的稀土大战

近年来，世界各国普遍加大对稀土的重视。西方国家在保护本国资源安全的同时，大量廉价购买并囤积了中国出口的稀土。在中国加强保护稀土资源后，美西方一些国家联手对我国施压，企图逼迫我国放松管制，同时也提升本国对稀土资源的战略重视，纷纷加大对稀土供应链的保障力度。包括美国等西方国家将元素周期表里的 32 个元素列为战略元素，17 种稀土元素中除人造的钷之外的所有 16 种元素全部位列其中。可以说，世界各国都在暗自角力，为保障稀土供应而不遗余力地开展各领域活动。

美国稀土储量较大、种类齐全。2011 年美国地质调查局公布的数据显示，其稀土储量占全球总量的 40%。位于加利福尼亚州的芒廷帕斯矿山是全球最大的稀土矿之一。自 20 世纪 60 年代以来，该矿长期供应世界一半以上的稀土产量。自 20 世纪 90

年代中期以后，随着中国对国际市场的稀土供应持续加大，美国出于保护自身资源和环境等考虑，于 2002 年关闭芒廷帕斯矿山。然而中国限制稀土出口后，美方反弹强烈，不仅与日本等国联手向 WTO 起诉我国稀土政策，还推动 G20 集团介入稀土问题。同时，为了确保供应，美国重启稀土开发，其中芒廷帕斯矿山于 2012 年 8 月底重新开始运作。随着 2019 年中美贸易战展开，美国为避免稀土供应链出问题，加快稀土自主开发。2019年，美国的稀土产量居全球第二，占全球总产量的 12.4%。2020年，特朗普政府签署行政令，要求美国内政部依据《国防生产法案》资助矿产加工业，以保护国家安全。拜登上台后，延续这一政策，同时加大对国内稀土行业的保护力度。美国还积极寻求国际合作，促进稀土来源多元化，与澳大利亚、加拿大等国达成合作协议。其中，美国与澳大利亚的莱纳斯稀土有限公司（Lynas Rare Earths Ltd）合作，在得克萨斯州建立一家用于军工企业的稀土提炼厂，该项目背后得到了五角大楼的支持。

澳大利亚稀土储量达到 340 万吨，拥有可观的独居石（磷铈镧矿）及磷钇矿。澳大利亚也是全球稀土生产大国，2019 年产量达 2.1 万吨，占全球生产总量的 10%。2010 年稀土价格上涨后，澳大利亚便着手加大稀土生产，并在国内和马来西亚设立了分离冶炼厂，形成完整产业链。澳大利亚莱纳斯稀土有限公司还和美国合作，帮助美国提升稀土分离提纯能力。目前，澳大利亚甚至还向中国和日本出口部分提纯稀土。

　　日本资源匮乏，是稀土消耗和进口大国。为了满足制造业和电子工业发展需要，日本早年通过从中国进口和矿山购买、投资等方式储备了大量稀土。中国加强稀土管控后，日本一方面极力在国际上抨击中国的政策，渲染"稀土荒担忧"论调，试图在国际舆论中将中国孤立化；另一方面，大张旗鼓地在全球寻找稀土廉价供应商，尤其是加强与印度、越南、蒙古国、哈萨克斯坦的沟通，以扩大稀土供应来源。同时，日本开启深海稀土资源勘探和开发研究，以期减少对进口的依赖。2013年，日本在南鸟岛以南约200千米的海底发现了储量巨大的稀土。此后，日本不断加大投入，并计划于2022年在南鸟岛近海进行稀土试采。为了进一步强化稀土战略，2021年日本政府宣布加大对稀土等战略物资供应链的资金支持，并对外资进入稀土领域加强管制。

　　欧盟长期自中国进口稀土。2020年欧盟公布的报告显示，其98%的稀土进口自中国。2010年，欧盟曾针对中国管控稀土出口发表立场，称希望中国保证稀土供应。为实现2030年减排55%及2050年实现碳中和的目标，欧盟计划进一步提高能源效率、加速低碳转型、提高可再生能源比例。而纯电动汽车、高性能风力发电机等都离不开稀土永磁材料。预计到2050年，欧盟对该材料的需求将激增10倍。为此，欧盟成立了欧洲原材料联盟，确保关键矿物原料供应，并将稀土作为重中之重。2021年，欧盟出台一项总额高达 17 亿欧元的稀土产业投资计划，呼吁各国政府和制造商支持稀土开采和加工，减少对外依赖。预计到 2030 年，欧盟稀土永磁产量可从目前的 500 吨提高至 7000 吨，可以满足欧盟需求量的 25%。

纵观国际风云，稀土的战略价值与日俱增，而人类对其探索的脚步也将永不停歇。各国均积极开拓稀土来源，并加大重视战略储备。值得一提的是，稀土并非石油、铁等用量巨大的资源，作为"工业味精"，它只需一点就能发挥巨大作用。因此，稀土产业的成本更多集中在开采和提炼环节，各国在稀土深加工、高端产品和应用方面竞争愈演愈烈。此外，人类已经开始探索稀土的回收利用以及在工业中用其他金属替代稀土元素。围绕稀土的争夺恐将从资源囤积进一步延伸至科技研发领域。也许，能否掌握核心技术将成为未来保障国家安全的制胜法宝之一。

非金属矿产也是宝

人类日常生活和生产经常用到一类天然材料，它们既非化石能源，又非金银铜铁等金属，然而也具有重要的经济价值和工业价值，这类矿产被称为非金属矿产。像石墨、重晶石、石膏、滑石、菱镁矿、石灰石、萤石、石棉等都属于非金属矿产。随着科技革命日新月异，世界各国纷纷加大对非金属矿产的重视，大国博弈的战场也进一步延伸至该领域。

非金属矿产的价值

非金属矿产不像能源、金属那样受到高度关注，但它几乎无处不在，渗入到我们的日常生活和行业生产中。

我们日常使用的火柴燃料来自磷矿，这是一种重要的化工原料，按成矿起源可分为沉积岩、变质岩和火成岩。目前工业开采的磷矿中约85%是海相沉积磷矿，其余主要为火成岩磷矿。鸟粪层磷矿由鸟粪的直接或间接的堆积物矿化而成，目前在世界磷矿年产量中约占2%。磷矿可用来制取磷肥。磷是生物细胞质的重要组成元素，也是植物生长必不可少的一种元素。因此，磷肥对农作物的增产起着重要作用。中国的磷矿消费结构中磷肥占71%。磷矿也可以制造黄磷、磷酸、磷化物及其他磷酸盐类，因此在医药、食品、燃料、制糖、陶瓷、国防等领域都得到应用。其中，磷酸二氢铝胶材料耐火度高、耐冲击性好、耐腐蚀性强、电性能优越，被用于尖端技术中。氟磷灰石晶体是最理想的激光发射材料，人们已研制出磷酸盐玻璃激光器。

铅笔是我们经常使用的一种文具，其实铅笔芯就是一种重要的非金属矿产——石墨。这种物质具有耐高温性、润滑性和可塑性，而且具有极强的导电性和导热性。石墨可以制造出石墨烯，1毫米厚的石墨约包含300万层石墨烯，后者具有优异的导电和光学性能，而且强度很高，具有很好的韧性，在能源、生物医药、航空航天等领域具有很强的应用前景。2014年，美国国家航空航天局开发出应用于航天领域的石墨烯传感器，能对地球高空大气层的微量元素、航天器上的结构性缺陷等进行检测。此外，石墨还用于制造润滑、密封、导电、吸附、超高温电极、耐火、人造金刚石、核材料、锂电池和超级电容等功能材料和关键基础材料。石墨烯超级电池可解决新能源汽车电池容量不足及充电时间长的问题，加快了新能源电池产业发展。总之，石墨对国家战略性新型产业、经济安全和国防安全有重要作用。

大多数琳琅满目的宝石也属于非金属矿产。水晶晶莹剔透，备受女士们所青睐，其实它还有一个矿物名称，即石英。宝石级水晶可作为宝石材料加工成各种饰品。石英是二氧化硅（SiO_2）组成的矿物，具有玻璃光泽，纯净的石英透明无色。石英的物理和化学性质十分稳定，具有坚硬耐磨、耐火耐压等特性。远古时期，就有人用石英制作石斧、石箭等简单的生产工具。人类进入工业社会后，石英受到广泛应用，其熔融后制成的玻璃可以用于制作光学仪器、眼镜、玻璃管等产品。陶瓷、冶金、建筑、化工、塑料、橡胶等工业部门也均用到这种矿物。高纯石英是光通信、光电源等产业使用的石英玻璃的原料，其高端产业则是芯片产业、光伏等新能源和硅产业等功能材料和关键基础材料生产的原料。芯片的基础材料是硅，而硅则是从石英等含硅材料中提取出来的。

萤石又称氟石，主要成分是氟化钙，是自然界中常见的一种矿物，晶体呈玻璃光泽，颜色鲜艳。它熔点较低，在钢铁冶炼中加入可以提高炉温，去除硫、磷等有害杂质，还能增强熔体流动性，是冶金业必不可少的熔剂。光学领域对于萤石的需求量较大，用萤石制造的照相机镜头，因其具有非常低的色散，由其打磨成的镜片比普通玻璃镜头色差更少。萤石还被应用于新能源领域，包括太阳能、风能、锂电池、铀加工等行业。此外，新一代信息技术产业中平板显示屏和半导体制造也对萤石有大量需求。

爱猫人士应该知道膨润土可以用作猫砂。其实膨润土应用十分广泛，有"万用土"之称。它是以蒙脱石为主要矿物成分的非金属矿产，具有强吸湿性、吸附性和膨胀性。我国人民最早将膨润土用作洗涤剂。数百年前的四川仁寿地区就有膨润土露天矿，当地人称之为"土粉"。此后，膨润土在生产石油钻井、冶金球团、有机黏土、防水、防渗漏、防核泄漏、环境治理、生物产业等领域也展现出应用价值，对国家战略性新兴产业和经济安全的重要作用日益凸显。

这里只是罗列了一些我们日常经常接触和使用到的非金属矿产。实际上，随着科技不断进步，许多非金属矿产新的利用价值不断被发现。同一种非金属矿物，由于应用技术不同，其价值和应用领域可以完全不同。例如非金属矿超细加工后，粒度变小，性能发生改变，在静止时是固体，充气时似流体，悬浮在气体中时又具有气体性质，因此可以用作高速反应催化剂、光纤材料、红外和远红外材料、光电转换材料、新型生物材料、超高强高韧的陶瓷材料、火箭助燃剂等。未来，非金属矿产领域将继续成为科技革命取得突破的重要阵地。

历史的硝烟

自古以来，人类社会就经常围绕矿产发生战争和冲突，非金属矿产也成为争夺的焦点。19 世纪末发生的南美太平洋战争又称为"硝石战争"，是智利、秘鲁和玻利维亚围绕硝石资源展开的冲突。当时上述三国刚刚摆脱西班牙殖民统治实现独立，部分国界仍存在争议。恰好位于三国交界的阿塔卡马沙漠发现了丰富的鸟粪和硝石矿藏，前者是优质的有机肥料，后者主要成分是硝酸钾，是制造火药的重要原料，也可以用作肥料。三国均对该地区十分关注，其中智利因控制面积最小，一直企图扩大占领范围，而秘鲁与玻利维亚面对威胁结为军事互助同盟。1879 年 2 月 14 日，智利出兵占领玻利维亚安托法加斯塔港，玻利维亚和秘鲁向智利宣战。1880 年 6 月，秘、玻两国不敌对手，丢掉了安托法加斯塔、塔拉帕卡、阿里卡、塔克纳等地，而这些地方正是硝石和鸟粪的主产区。由此，智利几乎控制了全世界的硝石储备，成为当时唯一的天然硝石出口国和最大的硝石出口国，进入了所谓的"肥料时代"或"硝石时代"。此后 30 多年里，硝石成为智利最重要的出口产品，在经济上支撑着智利，使之在南美地区成为与巴西、阿根廷齐头并进的经济强国。而玻利维亚和秘鲁割让了矿区损失惨重，玻利维亚还丢掉了出海口，沦为拉美大陆唯一的内陆国家，从此经济一蹶不振。

中国地大物博，东北地区除了蕴藏着丰富的煤矿、铁矿、金矿和铜矿外，还埋藏着石灰石、滑石、菱镁矿、耐火粘土、石英等大量非金属矿产。1895 年中日爆发甲午战争后，日本将贪婪的目光投向中国东北。日俄战争后，日本通过《朴茨茅斯条约》窃取了沙俄在中国东北地区的一切权益，并建立"南满洲铁道株式会社"（简称"满铁"），暗中对当地矿产展开摸底，编纂《奉天矿产调查书》等资料，详细了解辽宁等地矿产情况。20 世纪 20 年代，日本名义上建立了一些和中国合作的企业，实际上经由"满铁"操纵这些假合办的企业来实现对东北铁矿的掠夺，以填补国内资源的不足。其中，日本大量采掘东北的滑石、石灰石等矿产，来满足自身工业发展的需要。此外，日本还通过售卖矿产获得了大量资金来源，为本国工业发展和武器制造带来更多的便利，从而为后来进一步发动战争打下了基础。

钻石是经过加工的金刚石，璀璨夺目，稀有珍贵，但正因为价值不菲，身上也凝结着许多苦难历史。非洲是全球钻石的重要产地，钻石不仅未给这片大陆带去财富和安宁，反而使其陷入无休止的战乱和冲突。20 世纪 90 年代至 21 世纪初，安哥拉共和国、塞拉利昂共和国、刚果民主共和国等一些国家反政府势力或派别控制地区生产的钻石，这种钻石被称为"冲突钻石"，它的存在使叛乱分子能够通过走私获得更多资金来源，从而导致国家冲突和战乱长期化，并严重影响国家的战后重建。据统计，安哥拉内战从 1992 年至 2002 年夺去了 50 万人生命，近 200 万人沦为难民。塞拉利昂 10 多年的内战造成 10 万人丧生、50 万人沦为难民。2006 年上映的电影《血钻》就反映了塞拉利昂叛军联盟和跨国钻石公司为利用钻石获取利润而使当地陷入动荡的故事。

大国博弈的新战场

从原材料角度看，世界各国对非金属矿产产品仍有较大需求。从科技发展角度看，非金属矿产是未来科技取得突破的重要领域。从经济转型角度看，全球碳达峰、碳中和已提上日程，各国加快推行绿色经济，而非金属矿产的开发利用是新型替代资源的主要课题，人类正加大科技创新，将原本无价值或低价值的非金属矿产转化为高价值的新兴资源。同时，诸多矿业公司已开始调整以化石能源为主要经营产品的结构，打造面向未来的资源产品组合。

我国非金属矿产品种齐全，种类繁多，储量丰富。截至

2018 年底，我国已发现的 173 种矿产中，非金属矿产就有 95 种。目前我国探明的石墨、重晶石、石膏、滑石、菱镁矿、石灰石等储量居世界首位；萤石、石棉、硅灰石、芒硝、明矾石、天然碱、珍珠岩、膨润土、硅藻土等矿种储量丰富，部分矿种产量和贸易额居世界前列。我国出台的《全国矿产资源规划（2016—2020 年）》将磷、钾盐、晶质石墨、萤石列为战略性非金属矿产。然而并非所有重要非金属矿产在我国都拥有丰富储量。例如，我国的钾资源较为匮乏，主要以湖钾为主，且大多分布在青海和西藏，开发成本较高。此前，我国钾肥常年依赖进口。为保障供应安全，我国针对钾肥制定了"三个三分之一"的发展战略，即三分之一国内生产、三分之一进口，三分之一"走出去"到国外办厂。目前，我国企业在海外 12 个国家共投资 34 个钾肥项目，其中在老挝有 11 个项目，在加拿大有 5 个，获得初步成效。

同时，世界其他大国也在抓紧布局非金属矿产。一些发达国家和矿业巨头正努力寻求对石墨、钾肥等关键矿种的垄断。以石墨烯为例，美国持续加大对石墨烯的研究投入，其能源部、国防部、空军科研办公室、太空总署等多次出台政策与资金支持石墨烯研究。欧盟目前有 70 余家公司开展石墨烯的研发、产业化以及应用推广，其中不仅包括诺基亚、巴斯夫、拜耳等工业巨头，还有众多小型专业化石墨烯企业。作为石墨烯的"诞生地"，英国的基础研发居于全球领先地位，英国政府也投入巨资加快石墨烯产业发展，在曼彻斯特大学成立国家石墨烯研究院及石墨烯工程创新中心。英国政府还加大对外国收购本国石墨烯制造商业务的国家的安全审查力度。未来，随着科技竞争日趋激烈，非金属矿产也将进一步成为世界主要大国博弈的新战场之一。

第三章

参 考 文 献

1　[德] 贡德·弗兰克著，刘北成译：《白银资本：重视经济全球化中的东方》，中央编译出版社 2008 年版。

2　戴建兵：《中国近代货币史研究——白银核心型的货币体系》，中国社会科学出版社 2017 年版。

3　陈永主编：《金属材料常识普及读本》，机械工业出版社 2016 年版。

4　[美] 查克·维尔斯著，吴浩译：《武器的历史》，黑龙江科学技术出版社 2007 年版。

5　刘小童：《驼峰航线：抗战中国的一条生命通道》，广西师范大学出版社 2010 年版。

6　[乌拉圭] 爱德华多·加莱亚诺著，洪于雯主编：《拉丁美洲：被切开的血管》，南方家园文化事业有限公司 2011 年版。

7　[苏] 李柏曼：《稀土元素》，地质出版社 1953 年版。

4

第四章

化石能源与
工业社会

在漫长的前工业社会，大多数工作由人类和动物的肌力完成，取暖和烹饪则由生物质（薪柴）提供。工业革命后，地下矿物燃料的大规模开发利用使人类从根本上摆脱了对地上动植物能源的依赖，为人类打开了现代文明的大门。全球人口从18世纪的10亿增加到今天的近80亿，人类健康和福利显著改善，世界经济和社会生产力发生了翻天覆地的变化。化石能源对人类社会进步功不可没，对一国兴衰至关重要，与国家安全息息相关。保障化石能源的稳定供应，成为国家安全战略中的重要内容。

从"黑色黄金"到"蓝色火焰"

能源是重要的生产要素，每次能源革命都会给社会生产带来变革性的影响，推动经济实现飞跃性发展。根据有机生成说，煤炭、石油和天然气等化石能源是由古老动植物经过压力、温度，历经数千万年到数亿年转变而形成。从"黑色黄金"煤、石油到"蓝色火焰"天然气的转变表明，人类采用能量含量更高的能源使得工业流程、农业和交通运输业实现了快速增长，并塑造了现代世界。

势不可挡的煤炭时代

1765 年瓦特改良蒸汽机，1875 年法国建成世界上首座燃煤发电厂，由此人类文明的进步锁定了煤炭需求。煤主要是由碳元素构成，同时含有氢、硫、氧和氮等其他元素。煤炭就是植物化石，多半来自于石炭纪至二叠纪时期的森林，经过地壳运动，在空气的压力和温度条件作用下，成为碳化化石矿物。作为一种化石燃料，煤的形成是古代植物在腐败分解之前埋在地底，转化成泥炭，再转化成褐煤，然后为次烟煤，之后是烟煤，最后是无烟煤。中国古代历史典籍中，煤被称为"乌薪""黑金"。与薪柴相比，煤炭能源密度高、便于运输、生产不受季节限制。这奠定了它势不可挡地成为当时全球第一大能源的基础。

19世纪80年代，煤炭在能源消费结构中比例超过薪柴，完成了人类主体能源由薪柴向煤炭的第一次重大转换。煤炭时代的到来，使能源行业从农业中分离出来，改变了农业作为能源提供者的角色，使更多的劳动力从农业转移到工商业活动之中，引起产业结构、人口结构的变化，进而推动了工业革命。

> 英格兰的露天矿山

遍地开花的石油时代

1859年美国宾夕法尼亚州打出了世界上第一口油井，19世纪末人们发明了以汽油和柴油为燃料的内燃机，标志着人类开始向能量更高的能源进发。石油是一种黏稠的深褐色液体，由不同的碳氢化合物混合组成，其主要成分是烷烃，此外还含硫、氧、氮、磷、钒等元素。石油储存于地壳上层部分地区，不同油田的石油成分和外貌有很大区别。因其价值高昂，石油又被称为"黑色黄金"。

石油以其更高热值、更易运输等特点，于20世纪60年代取代了煤炭第一能源的地位。石油主要用作燃油和汽油，同时也是许多化学工业产品的主要原料，如溶液、化肥、杀虫剂、润滑油的矿物油基础油和塑料等。当前已开采的石油的88%被用作燃料，其他的12%作为化工业的原料。石油作为燃料不仅直接带动了汽车、航空、航海、军工业、重型机械、化工等行业的发展，而且影响着全球的金融业，也将人类社会飞速推进到现代文明时代。

迅猛发展的天然气时代

天然气和石油常并存于同样的岩层中，可在开发油井中吸取天然气。此外，在煤矿、泥盆纪页岩、地压盐水和结构紧密的砂岩中也存在天然气。以前由于开采天然气的成本较高，相对出产的石油来说其用途又不大，天然气通常作为开采石油过程中的废料而被烧掉。但随着化石燃料的储量逐渐被消耗，天然气的开采技术日趋成熟，人类开始能够利用这种更高效的化石燃料，因而天然气在当前能源供应中所占地位不断上升。

天然气燃烧时呈现"蓝色火焰"，在燃气涡轮和蒸汽涡轮联合循环的模式下发电，能源利用的效率特别高。对自然环境而言，燃烧天然气比石油和煤要更加清洁，产生更少的温室气体。在获得同样的热量的情况下，燃烧天然气产生的二氧化碳比燃烧石油要少30%，比煤要少45%。

蒸汽机上的帝国与杀戮

18世纪，英国发生工业革命，引导全球由煤炭替代薪柴的能源转型。为什么工业革命发生在18世纪的英国而不是欧洲或亚洲的其他地方？这个问题的答案涉及宗教、文化、政治、宪法，可谓包罗万象。一个颇具说服力的解释是依据经济能源视角，即工业革命是英国面对15世纪后全球经济所带来的挑战和机遇的创造性反应。

帝国的扩张

16 世纪末到 17 世纪初，英国毛纺织业在与意大利等国家的老牌生产商的竞争中逐渐占得优势，并在欧洲新产生的市场秩序中占据了主导地位。17 世纪后期到 18 世纪，英国大肆掠夺殖民地、促进重商主义的贸易、加强海军力量，通过建立与美洲和印度的洲际贸易网络，扩大了其领先地位。

英国在全球经济中取得成功促使其农村制造业的扩张和快速的城市化。东英吉利是粗纺布业的中心，其产品通过伦敦出口，创造了伦敦 1/4 的工作岗位，使得伦敦的人口从 15 世纪的 5 万人激增到 16 世纪的 20 万人，17 世纪增长到 50 万人。到 18 世纪，与美洲殖民地和印度的贸易扩张再次使伦敦的人口翻了一番，并导致了其他城市人口更快速的增长。这种扩张依赖于强大的帝国主义行径，即英国在海外扩张领土，建立不可匹敌的海军和商业力量，编著航海法将外国人排除在殖民贸易之外。

英国本土的新能源链条

英国扩张产生了三个重要的后果：

首先，伦敦的发展加速了煤炭的开采。伦敦的木材燃料日益短缺，而这只能通过开采煤炭来缓解。在 15 世纪，这两种燃料以相同的价格出售，随着伦敦的发展，木质燃料的价格上涨，到 16 世纪末，木炭和木柴的价格是每单位煤炭价格的两倍，消费者开始用煤炭代替木材。诺森伯兰郡开采煤炭，然后沿着海岸运往伦敦，煤炭贸易开始了。英国拥有纽卡斯尔等煤田，即拥有世界上最便宜的能源。相比而言，欧洲大陆的煤炭价格更高，中国的也非常昂贵。

其次，城市和制造业的发展增加了对劳动力的需求，导致英国成为当时世界上拥有最高工资和生活水平的地方。14 世纪中叶世界经历黑死病后，各地工人生活水平提高，工资通常可支付三到四倍的生活费。随后的几个世纪，欧洲和亚洲的人口增长导致实际工资下降，大多数工人在 18 世纪的收入刚好达到维持生计的水平。唯一避免这种命运的国家是英国和低地国家，虽然其人口增长比其他地方的人口增长得更快，但这种影响被国际贸易导致的经济繁荣所抵消。伦敦和阿姆斯特丹的工人工资水平之高，不仅可以购买燕麦片，还将饮食升级为牛肉、啤酒和面包，而在欧洲和亚洲大部分地区的工人则以煮熟的谷物和少量豌豆或扁豆的准素食为生。

最后，农业因为城市扩张而发生了革命性的变化。城市的发展和高工资刺激了农业，人们对食物特别是肉类、黄油和奶酪的强劲需求导致耕地转为牧场、畜牧业以及饲料作物（豆类、三叶草、萝卜）的生产，进而提高了土壤氮含量并推高了小麦和大麦的产量。城市对劳动力的需求导致小型农场合并为大型农场，每英亩雇用的人数较少。

工业革命与能源转型

国际贸易的成功创造了英国的高工资、廉价能源经济，这些又成为工业革命的跳板。高工资和廉价能源创造了对资本和能源替代劳动力的技术需求，成为工业革命一系列著名发明的最重要驱动因素。蒸汽机增加了资本和煤炭的使用，以提高人均产出；棉纺厂使用机器提高纺纱和织布的劳动生产率；新的炼铁技术用廉价的煤炭代替昂贵的木炭和机械化生产，以提高人均产量。这些技术和发明用资本和能源代替了劳动力，最终彻底改变了世界。在工资较低且能源价格较高的其他国家，使用减少就业和增加燃料消耗的技术则是不划算的。法国政府在18世纪非常积极地试图推广英国的先进技术，但由于英国的技术在价格上并不划算而失败。

由于工业革命的技术只有在英国采用才有利可图，英国也是唯一一个为发明这些技术而买单的国家。随后英国出现风险资本家，为研发提供资金，并依赖专利获得开发的收益。在17—18世纪，英国制造业和商业经济的发展增加了对识字、算术和贸易技能的需求。而英国的高工资经济不仅创造了对这些技能的需求，还为英国人提供了购买这些技能的收入，使得这些技能通过私人购买而被获得。英国人因此而拥有开展高科技革命所必需的高级人力资本。

多年来，工业革命仅限于英国，因为技术突破是根据英国国情量身定制的，无法在其他地方进行有利可图的部署。随着英国工程师努力提高效率，减少使用英国廉价的煤炭，直到 19 世纪中叶，先进技术才在能源昂贵的法国和劳动力廉价的印度等国家使用，并从中获利，进而逐渐削弱了英国的技术领先地位。从英国的经验看，资本、技术与市场的完美结合是能源转型发生和成功的必要条件，也是能源转型首先发生在英国的重要原因。

采油机下的霸权与制衡

20 世纪中叶以来，美国引领的石油取代煤炭的第二次国际能源转型，促进和巩固美国的霸权崛起，深刻影响和改变世界的历史进程。

美国石油采掘史

美国人将石油时代的开始追溯到 1859 年在宾夕法尼亚州的第一口商业油井。其实早在 16 世纪，早期的美洲定居者就开始与美洲原住民交易石油和其他材料。1859 年，埃德温·德雷克（Edwin Drake）在塞内卡石油公司（Seneca Oil Company）的支持下，开创了一种使用铸铁管排列钻孔的技术，能够进行更深的钻探。油井钻探技术的成功引发了石油热潮并催出生一个新的、利润丰厚的行业。1901 年，在得克萨斯州博蒙特附近发现了当时最强大的油井，石油连续 9 天喷出 50 多米，以每天 10 万桶的生产速度成为当时世界上最大的"喷出者"，招引上百家石油企业入驻，市场竞争第一次形成，进而推动了美国石油业的繁荣。

石油在运输部门发挥真正作用才是石油时代的开始。随着 1908 年福特 Model T 汽车的推出以及二战后个人交通工具的繁荣，石油时代真正开始了。石油资源不像煤炭那样在世界范围内分布广泛，但石油具有至关重要的优势。由石油生产的燃料几乎是运输的理想选择。它们是能量密集型能源，按重量计算，平均能量含量是煤炭的两倍。更重要的是，石油不是固体而是液体，这极大地推动了内燃机的发展。1964 年石油超过煤炭成为世界上第一大能源来源。

石油与美国霸权的确立

石油改变了历史进程。由于石油可以通过海上管道运输，因此比煤炭的人力输送具有明显的成本和安全优势。这样的优势，让石油成为船舶、车辆和飞机的主要燃料，故而对现代战争变得重要。第一次世界大战之前，英美海军从煤炭转向石油，其船只在加油后比燃煤的德国船只走得更远，在海上停留的时间更长。二战期间，美国生产了世界近 2/3 的石油，对盟军的胜利至关重要。切断敌方的燃料供应决定了对手的败局，德国军队的闪电战

战略变得不可能，而燃料缺乏对日本海军也造成了损失。第二次世界大战还导致武器和运输的发展，增加了石油和衍生品的数量，例如TNT和人造橡胶。之后，石油还广泛应用于取暖、发电和农业机械。

内燃机、自动化及石油化工技术释放出石油的巨大经济和战略价值，驱动着石油工业的发展与繁荣。廉价的石油推动了美国消费的蓬勃发展，进而促成美国经济快速增长，获取了霸权的结构权力基础，尤其在技术领域，美国确保了在国际分工中的优势地位，并掌握国际体系的主导权。

美国以石油为杠杆的制衡

美国由于率先完成能源转型，具有"非对称相互依赖"的经济政治先发优势和地缘政治优势，使其成为国际体系中领导国家的筹码、权力和优势来源，影响和塑造国际权力和地缘政治格局。以下便是几个美国利用石油改变历史进程的重要时刻。

对日本的石油禁运。二战开始时，美国的石油产量占世界产量的60%，其次是俄罗斯和委内瑞拉。严重依赖美国石油进口的日本在入侵印度前不久就开始储备石油和设备。作为回应，美国政府对出口日本的石油实施控制，于1941年夏天有效地切断了对其石油供应。由于石油是日军持续作战所需的必备资源，此举令日本最终决定对英美开战，占领菲律宾、英属马来亚、英属婆罗洲、荷属东印度等资源丰饶的东南亚殖民地以获取战略资源。同时，为在有利条件下与美国和谈，日本认为必须致命地打击美国海军太平洋舰队。1941 年 12 月 7 日，日本袭击了珍珠港，取得重大成果，但未能瞄准海军岛上的石油储备（约 400 万桶），让它为幸存的太平洋舰队提供燃料。

萌芽和发展中的美沙关系。1938 年，沙特阿拉伯发现大量石油。1943 年，随着美国对石油生产能力下降的担忧日益加剧，富兰克林·罗斯福总统宣布沙特石油对美国安全至关重要，并为此提供财政支持。1945 年 2 月，罗斯福和沙特国王阿卜杜勒·阿齐兹在苏伊士运河上的一艘美军战舰上会面，讨论建立更密切的关系。几年后，沙特阿拉伯发现世界上最大的油田，该国迅速成为世界上最大的石油出口国。此后，美国和沙特阿拉伯的协议中，还包括为石油美元奠定基础，沙特不采取有可能撼动美元地位的举动，美国则承诺保证沙特在危机四伏的中东地区安全。沙特作为产油国，也必须接受与美国的这种关系。

马歇尔计划。二战结束时，美国是一个经济和军事超级大国，并在全球复苏中发挥着核心作用，其中最重要的事件是向遭受重创的欧洲提供能源援助。欧洲复苏计划，也称为马歇尔计划，旨在帮助饱受战争蹂躏的欧洲获得石油。在为期 45 个月的计划中，美国提供了超过 110 亿美元的石油援助，约占该计划提供的援助总额的 10%。

压裂井旁的梦想与失落

20 世纪 70 年代的石油危机，导致石油短缺的恐惧一直萦绕在美国政府的心头。美国前总统尼克松首次提出"能源独立"的设想，此后历届美国政府都将"能源独立"作为历史使命。直到页岩革命的胜利，才使得美国于 2019 年终于实现能源独立。

美国"能源独立"的梦想

1919 年，美国地质调查局估计美国石油供应将在十年内耗尽，引发了该国首次对石油安全的担忧。尽管美国每天生产大约 100 万桶石油，占全球石油供应的 65%，但 90% 以上的石油在国内消费。到 1920 年，原油价格升至每桶 3 美元，是 1914 年价格的两倍多。

1945 年以前，美国凭借技术、资源禀赋等优势，引领全球能源转型，一直是石油净出口国。然而到 1950 年美国每天需进口近 100 万桶石油，此后的 20 年内每天进口超过 600 万桶，超过美国需求的 1/3。到 1970 年，美国的石油产量达到顶峰，并在 30 年内下降了约 45%，远赶不上本土需求的增长。1973 年，石油进口约占美国消费量的 30%，4 年内增加到消费量的近 50%，迫在眉睫的石油短缺摆在面前。

1973 年 4 月，尼克松总统宣布即将结束强制性进口计划，以实现发展替代燃料。1973 年 10 月，第四次中东战争爆发。10 月 19 日，尼克松政府宣布向以色列提供 22 亿美元的军事援助计划。阿拉伯国家的回应是暂停向支持以色列的国家运送石油。禁运使国际贸易石油供应减少了 14%。美国的汽油价格在几个月内上涨了 40%，欧洲、日本和美国的消费者开始对石油短缺感到恐慌，开始囤积石油，美国各地的加油站排起了数小时的队伍。尼克松总统于 11 月 7 日宣布了一系列新能源政策和"独立计划"，设立了到 1980 年实现美国能源独立的目标。

此后，历届美国政府均为实现该目标而努力，推动能源多样化、保证本土能源安全：

首先，推动美国节能。1973 年的石油危机促使美国国会强制要求高速公路限速每小时 55 英里，并通过 1975 年的《能源政策和节约法案》，该法案为新车设立燃油效率标准。尼克松时代对国内石油的价格控制仍然存在，抑制了石油产量。1974—1978 年，美国的石油进口消费量几乎翻了一番，美国石油需求量每天增加约 210 万桶。1977 年，卡特政府将能源机构组织改组为能源部。卡特总统还提出了第一套能源建议，主要侧重于能源保护，并于 1978 年签署了立法，鼓励电力公司和美国其他行业的燃料转换和效率提升。

其次，支持可再生燃料。1979 年 7 月，卡特总统就能源政策发表了第五次重要演讲，其中包括宣布更多的节能措施和逐步取消石油价格控制。沮丧的卡特告诫这个国家崇拜"自我放纵和消费"将出现"信心危机"。1980 年,卡特签署了《能源安全法案》,包括对开发地热、太阳能和生物质能的激励措施,为发电机提供新的石油替代品;成立了美国合成燃料公司,计划在五年内实现每天生产 200 万桶从煤炭等非石油来源的液体燃料。2005 年,美国国会通过了《能源政策法案》,其中包括对运输燃料替代品和灵活燃料汽车的新激励措施以及对国内石油勘探的新补贴。该法律规定,到 2012 年,将 75 亿加仑的可再生燃料混合到汽油中。2007 年,国会通过了《能源独立和安全法案》,该法案提出了 2020 年企业平均燃油经济性 (CAFE) 标准应从 27.5 mpg 提高到 35 mpg 的目标。该法律还要求生产更多的非玉米乙醇,并要求与汽油和柴油混合的生物燃料在温室气体生命周期排放中至少比石油基燃料少 20%。2009 年 5 月,奥巴马政府宣布加速 CAFE 标准:汽车每加仑 39 英里,轻型卡车每加仑 30 英里。

页岩气革命让美国梦想终成现实

2014 年 2 月,根据美国能源信息署的数据,原油和石油产品的进口量降至每天不到 26 万桶,是近 20 年来的最低水平。减少对外国石油的依赖是需求下降和国内能源革命的结果,通过水力压裂和水平钻井的结合,释放了页岩岩层中的大量"致密油"储量。从 2010 年到 2015 年 12 月,美国致密油产量从每天不到

100 万桶飙升至每天超过 400 万桶，超过了除沙特阿拉伯以外的所有欧佩克成员国的单独产量。

美国致密油生产导致全球石油供应过剩，给石油价格带来下行压力。到 2015 年 11 月，原油价格从 6 月份的每桶 110 美元跌至每桶 75 美元以下。欧佩克成员国在维也纳举行会议，尽管一些成员国反对欧佩克石油减产以阻止价格下滑，但沙特阿拉伯推动该组织维持每天 3000 万桶的产量目标。该组织经常超过该目标，导致原油价格在 2015 年初进一步跌至每桶 50 美元以下，挤压了石油出口国的财政收入。

美国能源独立，并不意味着不再进口国际市场的能源资源，而与之相反的是，大进大出才是美国能源行业最鲜明的特点。2015 年 12 月 18 日，国会投票取消对美国原油出口长达四年之久的限制，一批原油立即离开得克萨斯州科珀斯克里斯蒂港向欧洲销售。当时美国北达科他州生产的轻质原油已超过中西部精炼油的需要，但由于运送到东西海岸没有管道，通过铁路运输成本高昂，生产者在运输成本提高的情况下，只能压低油价才能与进口石油竞争。相比而言，石油通过密西西比河运至墨西哥湾出口国外市场，则可以节省运输成本，提高生产商利润而提升石油产量。此外，美国现有的许多炼油厂都没有优化处理从页岩中提取的轻质原油类型的设备，主要依靠增加加拿大和委内瑞拉的石油进口来补充国内需求。

特朗普的"美国优先"能源计划进一步促进美国石油行业繁荣。在竞选承诺提高美国石油产量和实现能源独立后,特朗普开始取消其前任限制石化能源发展的政策。2017 年 6 月,特朗普宣布美国退出《巴黎协定》,取消了奥巴马对汽车和卡车更严格的燃油效率标准。美国环境保护署表示,这将导致约 20 亿桶石油消耗。政府租赁 400 万英亩的联邦土地给化石燃料公司,令压裂热潮在美国持续。特朗普还恢复了 Keystone XL 管道,并在共和党控制的国会的支持下,在阿拉斯加开设了北极国家野生动物保护区 (ANWR) 的石油钻探。

2019 年,美国能源产量 62 年来首次大于消费量,67 年来能源出口量首次大于进口量,成为能源净出口国,实现了某种意义上的"能源独立"。这主要包括三个层次的内涵:一是最简单也是最直观的,即美国能源产量大于消费量,能源出口量大于进口量,成为能源净出口国;二是可再生能源消费量 130 多年来首次超过煤炭,美国能源消费结构发生了根本性的改变;三是大进大出,充分使用国内国际两个市场,使美国能源行业获取最大的经济效益。

梦想后的失落

化石燃料的优点也伴随着毁灭性的缺点。燃烧化石燃料所释放的二氧化碳使地球变暖成为当今人类面临的最大挑战之一。21

世纪将从复杂的化石燃料向更简单的化石燃料过渡，从煤和石油向天然气能源转变。随着现代技术的发展，风力涡轮机和太阳能光伏电池将太阳能转化为电能，这一过程比燃烧生物质更有效。风能和太阳能光伏的成本一直在迅速下降，成为现在主流的、具有成本效益的技术。生物技术（例如来自藻类的生物燃料等）使更多的能源正在被集中开发，生物燃料的使用会越来越多；氢主要用于燃料电池，提供小型能量发生器和众多便携式设备；此外，如果核聚变在商业上成为可能，核能也能发挥重要作用。

全世界减排的努力：一是《京都议定书》。1997年，世界上大多数领导人签署了《京都议定书》，要求各国减少排放温室气体以减缓不断上升的温室气体水平带来的气候变化。但作为当时最大的温室气体排放国——美国拒绝批准该条约，并在接下来的十年中因其缓慢采用减排政策而受到国际社会批评。尽管1/3的人为排放来自石油，但美国的石油消费政策仍然侧重于能源安全和空气质量。二是《巴黎协定》。2016年11月由包括美国在内的190多个国家签署的《巴黎协定》生效。作为迄今为止最雄心勃勃的气候协议，该协议要求各方制订减少温室气体排放的目标，以阻止全球平均气温上升。各国还同意到21世纪中叶实现净零碳排放。美国承诺到2025年将其排放量从2005年的水平减少25%以上，这一举措需要摆脱包括石油在内的化石燃料。尽管该协议不包括强制执行机制，但有定期绩效评估旨在鼓励各国采取更雄心勃勃的行动。

疫情对石化能源的冲击。疫情导致航班停航停飞,企业停工停产,原油需求大跌。2020年4月,美国原油期货暴跌,历史首次收于负值。这迫使美石油生产商关闭"油龙头",不少由现金支撑的生产商也被迫停产,一些借入大量资金、规模较小、整合度较低的钻井公司即将破产。2021年全球经济复苏导致原油需求上涨,然而美国内原油生产却停滞不前,出现三大反常现象。其一,"赚钱的美国油气企业不投资生产"。从2021年第二季度54家美国上市石油公司财务报表来看,自2020年第三季度以来,其现金流已转为正值,之后普遍受益于较高的油价而一直上升,然而财务状况改善并没有带来用于勘探开发的资本性支出增加。由于疫情以来,美联储实施宽松货币政策,金融市场收益屡创新高。故而这些公司更倾向于将自有现金用于削减债务、增发股息或回购股票等其他融资活动。其二,"美国油气行业观望政策"。拜登执政后就将气候政策提升至重要议程,曾承诺要停止在美国进行新的钻探活动,上任后取消管道项目、叫停联邦土地石油开采租约,不鼓励本国独立生产商,而是要求欧佩克提供更多石油,扬言要停止美国石油出口。与此同时,拜登刚签署的《基础设施投资和就业法案》中对能源新技术和新能源投资620亿美元,主要涉及清洁能源、零碳技术和提高能效等内容。上述内容影响了美国油气行业决策,进而影响未来美国石油天然气行业钻井数量和产量恢复。其三，"美国油气行业难融资"。在应对气候变化相关政策的推动下，机构投资从投资组合中剔除油气项目，转而让资金流入社会接受度更高的低碳选项。美国贝莱德公司曾宣布，不再对化石能源发展投入资金。包括吉姆·克拉默在内的华尔街专家称，"石油不可投资"。"夕阳无限好，只是近黄昏"，这也许又将是一个能源时代的落幕。

油气表后的傲慢与偏见

天然气是一种以气态形式存在的化石燃料，可以单独存在于地下沉积物中，但通常与石油一起存于地下。在石油工业的早期，天然气在石油生产过程中通常是通过燃烧而被浪费掉。随着技术的发展，天然气开采成为现实，又因其清洁、均匀的燃烧以及作为工业过程原料的高效性而越来越受到重视。当前，天然气已成为人类社会消费的第三大能源来源，2020年占世界一次能源消费的24.72%。

油气表后的傲慢

有别于其他化石能源市场，天然气市场有其独特之处。天然气是气态形式的燃料，因此需要特定的基础设施才能送达到客户手中。鉴于建设天然气的运输管道和相应的基础设施都需要投入大量的资金，这导致无论是天然气开采商还是进口商对天然气的供应都存在极大的不确定性。从天然气开采商的角度思考，他们希望确保天然气销量的同时，保证运输管道能够尽可能的满负荷运输。从天然气进口商和分销商的角度思考，他们则希望能为客户提供一个能与石油或煤炭价格有联动的天然气价格，以保证天然气供应安全的同时价格也能具有一定的灵活性。

这就导致世界各地有不同的方法确定天然气的价格，天然气价格具有明显的区域性特征。全球天然气市场定价机制存在多个方向：

一是与油价挂钩（Oil Price Escalation，OPE）。通过基准价格和变化条款，天然气价格与竞争性燃料挂钩，通常使用的是原油、柴油和 / 或燃料油。

二是气气竞争价格（Gas-on-Gas Competition，GOG）。天然气价格是通过不同交易时期和不同交易地点的天然气价格之间的竞争，最终由供需相互作用决定的。这一类型的价格还包括现货液化天然气，任何与枢纽或现货价格相关的价格，以及有多个买家和卖家的市场中的双边协议。

三是双边垄断（Bilateral Monopoly，BIM）。天然气价格由大型卖方和买方之间的双边讨论或协议决定，价格在一段时间内固定，通常为一年。可能会有书面合同，但通常是由政府或国有公司安排。通常情况下，至少交易的一方将有一个占主导地位的买家或卖家，以区别于气气竞争价格，后者有多个买家和卖家进行双边的交易。

四是最终产品的净回值（Netback from Final Product，NET）。天然气供应商收到的价格，是买方得到的最终产品价格的函数。这种情况可能发生在天然气被用作化工厂的原料时，如氨或甲醇，并且天然气是生产产品的主要可变成本。

五是法规类定价。社会和政治定价（Regulation: Social and Political，RSP），即天然气价格在政治/社会基础上制定的，以应对不断增加的成本的需要，或作为增加收入的行动。低于成本定价（Regulation: Below Cost，RBC），即政府有意将天然气价格定在天然气生产和运输的平均成本之下，这往往是国家对民众的一种补贴。服务成本定价（Regulation: Cost of Service，RCS），即天然气价格是由一个监管机构，也可能是一个部委正式确定或批准的，其价格水平必须能够保证"服务成本"，包括投资回收和合理的回报率。无定价（No Price，NP），即将所生产的天然气免费提供给居民和工业，或作为化工厂和化肥厂的原料，或用于炼油过程和提高石油采收率。这样的天然气通常与石油和/或液体燃料有关，作为副产品处理。

天然气不同的定价模式呈现出油气表后的傲慢。天然气市场价格既不是一种供大于需时买方市场的定价，也不是一种需大于供时卖方市场的定价。由于天然气没有形成全球统一的市场和定价机制，各市场的基本面又并不相同，天然气定价主导权的合理性就总是备受质疑。东亚是液化天然气 (LNG) 的主要买家，中日韩三国的 LNG 进口量占世界总贸易量的七成左右。与庞大的进口量相比，东亚地区并没有形成本地区自己的定价机制。东亚地区 LNG 的进口价格，往往与日本原油综合价格 (JCC) 挂钩。这与全球另外两大天然气市场北美、欧洲的定价机制不同。北美市场采用的是竞争性的定价机制，也称枢纽定价，价格由管道气之间的"气气竞争"决定。亨利枢纽这一天然气交易中心形成的交易价格也是北美市场的基准价格。英国的国家平衡点价格 (NBP) 也是枢纽定价机制。而在欧洲大陆，天然气的主要定价机制和亚洲类似，可统称为与石油挂钩定价。稍微与东亚不同的是，欧洲天然气定价的参照物是终端消费市场上的石油制品，而不是原油，因此也称为净回值定价。

由于市场定价机制不同，在前几年国际油价飙升时期，世界三大市场气价差异明显，天然气在亚洲市场的价格明显高于欧洲和美国。这种价格差异被视为"亚洲溢价"。随着美国页岩气革命的发展，欧洲市场上天然气出现供大于求的局面，使得竞争性定价逐步获得市场。欧洲由合同定价向现货市场定价机制过渡，2011 年以前，欧洲市场超过 70% 的天然气采用石油挂钩定价；2011 年后，欧洲约有 42% 的天然气供应已经采用现货市场定价。

对买卖一方一时有利的定价机制也未必会一直有利。在疫情后能源供需失衡叠加极寒天气的情况下，欧洲、亚洲以及拉丁美洲的买家正在争夺有限的天然气供应。欧洲因采取签订短期采购合同和现货市场定价机制，对波动不定的现货市场和投资者过分依赖，对美国天然气供应仍抱有幻想，导致其缺乏竞争优势，而"亚洲溢价"使得有限的天然气大部分流向了亚洲地区，加剧了2021年下半年欧洲多因素引发的"能源危机"。

油气表后的偏见

国际社会对天然气是否可作为恰当的过渡能源尚存争议。美国一直将天然气称为"桥梁燃料"，称这一种化石燃料是"时尚"，可以在开发出真正清洁替代能源之前帮助减少排放，是通往低碳未来的桥梁。部分欧洲国家则持更为激进的环保理念，坚持认为天然气用作发电燃料仍对气候变化产生负面影响。从气井里开采出的天然气含有约83%的甲烷，经过加工之后，用于输送的天然气中甲烷的含量则达到了90%以上。天然气的生产、加工和运输过程会将一些甲烷排入大气。偶尔的甲烷泄漏和常规的通风换气都会造成逸散性甲烷排放，这就削弱了天然气用作发电燃料所具备的在气候影响方面的比较优势。

事实上，美国追求的是能源独立的目标，推动能源多样化更重要的目的是确保能源安全。由于页岩气革命的巨大影响，加之经济燃料转换能力有限，美国工业部门比其他部门更依赖国内天然气。根据美国能源信息署数据，2020 年 7 月天然气价格已经降至每百万英国热量单位 1.77 美元，跌至 20 年来最低水平。从通货膨胀调整后的角度来看，天然气价格自 2008 年的高点 13.6 美元已下跌了 80%。换句话说，2021 年能源价格飙升前的美国天然气价格比 15 年前还便宜。工业部门对能源价格非常敏感，而美国天然气充足且价格极具吸引力。因此不仅当前整个美国工业部门都在使用天然气，而且很长一段时间内美国工业部门仍将倾向于继续使用天然气。此外，天然气持续增加的产量和低廉的价格也特别有利于需要原材料以及热能和动力输入的美国化学工业。

　　欧洲则更倾向于追求保护环境的目标。不同的核心动机导致两者间不同的能源转换路径。美国转向天然气等清洁能源，而欧洲则转向可再生能源。2010 年以后，美国与欧洲能源发展出现分化，清洁能源在美国能源消费中的份额持续上升，而欧洲则呈现缓慢下降的态势，两者间差异不断扩大。2014 年天然气在欧洲能源消费中所占份额比美国低 4.6 个百分点。然而疫情引发的能源危机表明，可再生能源尚未准备好迎接黄金时代，急于淘汰所有石化燃料的做法，可能没法促成能源转型的平稳过渡，还会造成价格飙升，扰乱能源整体供应。

参 考 文 献

1　E.A.Wrigley, Energy and the English Industrial Revolution, Cambridge University Press, 2010.

2　American Oil and Gas Historical Society, First Oil Discoveries, https://aoghs.org/petroleum-discoveries/.

3　U.S. Energy Information Administration, Natural Gas Monthly, March 2021, https://www.eia.gov/naturalgas/monthly/archive/2021/2021_03/ngm_2021_03.php.

5

第五章

资源输出国的
"诅咒"

　　资源禀赋与经济增长的关系是一个经久不衰的话题。在长期以来的认知中，人与自然的关系，是人类社会与经济发展中的一个最基本的关系；自然资源是人类经济社会发展的基础。经济的发展需要依赖于自然物质和能量的不断供应，这种依赖性随着世界人口增长及人民生活水平提高而越来越强。自然资源是亚当·斯密笔下"生产投入三要素"之一；"资源禀赋是经济发展的重要动力"也是马尔萨斯古典经济增长理论中的重要论点。通俗一点讲，自然资源是"米"，资本、知识、信息、技术等因素是"巧妇"，缺乏资源只能是"巧妇难为无米之炊"。

　　但是 20 世纪 80 年代以来，越来越多的经济学家通过大量的实证研究比较各国经济增速差异，发现了一个十分令人沮丧的事实，即一些资源丰富国家的经济增长绩效远不如资源贫乏的国家。"资源诅咒"作为一个经济学概念由此浮出水面。"资源诅咒"理论的出现极大地颠覆了传统经济学理论对自然资源与经济增长之间关系的看法，近30年来对"资源诅咒"传导机制的研究也在国际经济学界引起了热烈的讨论。自然资源在经济增长中的角色到底是"天使"还是"魔鬼"？资源输出国究竟都存在哪些"诅咒"？

资源不一定是祝福

1993 年，英国经济学家理查德·奥蒂（Richard M. Auty）首次提出"资源诅咒"这一概念，又被称作"富足的矛盾"。他指出，丰富的资源对一些国家的经济增长并不是充分的有利条件，反而是一种限制。随后，哥伦比亚大学教授杰弗里·萨克斯（Jeffrey D. Sachs）和千年挑战集团（美国国会于 2004 年创办的独立外援机构）副首席经济学家安德鲁·沃纳（Andrew M. Warner）合作的多篇论文对资源丰裕程度与经济增长之间的关系做了实证检验并正式提出"资源诅咒"假说。还有一些学者对此假说做了深入研究。人们这才意识到，资源能源很可能是把"双刃剑"，它并不一定能成为一个国家真正的福气。1965—1998 年，全世界中低收入国家人均国民总收入（GNI）以年均 2.2% 的速度递增，而同期石油输出国组织（OPEC）国家人均国民收入却下降了 1.3%。一些资源富国的"命途多舛"似乎有力地印证了"资源诅咒"理论。

号称"世界油库"的中东地区油气储量占全球总量的 2/3 以上，"富得流油"是对这一地区最贴切的形容。世界经济对石油资源的迫切需求以及中东的巨额储量，使其石油经济应运而起。1973 年第四次中东战争后，阿拉伯产油国对西方进行了石油禁运，导致国际油价持续暴涨。1973—1981 年，国际油价上涨 20 倍，滚滚而来的石油美元使海湾产油国赚得盆满钵满。1973 年后，阿拉伯产油国仅通过提价一项，就使石油收入从 1973 年的 300 亿美元猛增到 1974 年的 1100 亿美元。石油收入剧增使以沙特为首的海湾产油国逐渐取代非产油国埃及，成为中东新的财富中心以及地区经济发展的"领头羊"和"火车头"。但从历史上看，历次油价剧烈波动都对中东地区产生了深刻影响。2014 年 6 月国际油价从 115 美元 / 桶的高位跌至 2016 年初不足 30 美元 / 桶的周期内，卡塔尔在 2014 年 7 月至 2015 年 7 月期间的油气出口同比骤降 40.5％；科威特在 2015—2016 财年前 8 个月的政府收入同比下降 45.2％，石油收入同比下降 46.1％；沙特在 2015 年的石油收入下降 23％。仅 2015 年，整个中东财富便缩水了 3600 亿美元。石油经济不仅对中东经济的长远发展弊大于利，同时也对中东政治和地区秩序产生了消极影响，让这个地区陷入无尽动荡。

上帝同样偏爱俄罗斯。其横跨欧亚大陆的广袤大地深处蕴藏着"门捷列夫化学元素表上的所有元素"：铁矿石蕴藏量 650 亿吨，居世界第一位；铝蕴藏量 4 亿吨，居世界第二位；铀矿蕴藏量占世界探明储量的 14％；黄金储量 1.42 万吨，居世界前五位；

磷灰石占世界探明储量的 65%；镍蕴藏量 1740 万吨，占世界探明储量的 30%；锡占世界探明储量的 30%。非金属矿藏也极为丰富，石棉、石墨、云母、菱镁矿、刚玉、冰洲石、金刚石等储量及产量巨大，钾盐储量与加拿大并列世界首位。俄罗斯还拥有全球最大的森林储备和 1/4 的淡水湖泊，境内有 300 余万条大小河流。截至 2017 年底，俄罗斯石油、天然气产量、发电量和采煤量分列世界第一、第二、第四和第六位。

100 多年以来，石油和天然气一直是"俄罗斯权力的支柱、国家恒久不变的根基和生命的血液"。俄国的石油工业发源于 19 世纪中期的巴库；在 20 世纪六七十年代，由于西伯利亚一系列大型油田陆续投入开发，苏联石油工业进入黄金发展期。1975 年苏联石油日产量达到 880 万桶，首次超过美国跃居世界头号产油国。在油价暴涨的 20 世纪 80 年代初，苏联石油产量更是维持在年产 6 亿吨（日产量 1200 万桶）的巅峰状态。当时对西西伯利亚油气工业每投入 1 卢布，经过 3—4 年就可以收回 30—40 卢布的利润。出口"黑金"的暴利不仅保障了苏联国内需求，让其获得了巨额硬通货，还成为与美国军备竞赛的财政基础和维系社会主义阵营的重要工具，石油甚至成为解决苏联粮食问题的"灵丹妙药"。据说，苏联部长会议主席柯西金不止一次向西西伯利亚主要石油开采企业的领导穆拉夫连科提出请求："面包出现问题，请增加 300 万吨计划外石油（用于出口创汇）"。但 1985 年后，在油价暴跌、石油产量锐减的双重打击下，苏联外汇收入已无力满足粮食进口以稳定国内需求。20世纪90年代初，苏联国内出现严重物资短缺，这也成为苏联解体的重要推手。直至今日，俄罗斯经济发展进程始终与能源行业兴衰密切相关，油气收入仍占到俄联邦预算总收入的四成和出口收入的六成。当前，俄罗斯经济结构性改革并未取得明显突破。面对国际油价下跌、新冠肺炎疫情暴发、全球能源转型等重大变化时，俄罗斯能源经济的脆弱性暴露无遗。

南美洲的玻利维亚高原上矗立着一座名为波托西的4020米

> 银、金和石油

高山，其山脚下就是当年震惊欧洲的银城——波托西。波托西的名声之大，成就了西班牙作家塞万提斯在《堂·吉诃德》中的一句传世谚语："其价值等于一个波托西。"15 世纪末，崛起中的西班牙帝国为寻求更多资源称霸世界，开始向拉丁美洲扩张建立殖民地。他们原本是来淘金，却意外收获了储量惊人的银矿。正是在玻利维亚发现了世界级波托西大银矿并开采出 2.5 万吨白银（约占当时世界白银产量一半以上），西班牙拉开了建立美洲"白银帝国时代"的帷幕。到 17 世纪左右，整个美洲大陆南北各地区的矿藏被陆续开发出来。由于发现银矿并源源不断地供给欧洲，波托西开采的白银不仅造就了这个城市暴富于一时的泡沫式繁荣，也供养了整个欧洲工业和城市的成长（根据西班牙的法律规定：殖民地的所有地下资源全部归王室所有）。但西班牙财政之于美洲白银，尤如瘾君子之于毒品。海量白银并没有用来提升西班牙的工业能力，反而被无数次的王朝战争和宗教战争挥霍，大量的银子不仅导致 16 世纪以后该国的通货膨胀，更催生了统治者大规模的外交投机冒险。1570—1630 年，西班牙先后参与勒班陀海战、镇压尼德兰反叛、介入法国内战、无敌舰队被英国击败并最终衰落于三十年战争。当 1630 年后美洲的贵金属数量开始雪崩式下降时，人口减少、工业能力不断萎缩的西班牙早已经失去了一切复兴的机会。这个曾经称霸世界的强国从此凋落。

1914 年，在马拉开波湖附近发现的油田标志着委内瑞拉石油历史的开始。作为一个人口不足 3000 万、国土不到 100 万平方千米的小国，开采石油为其经济腾飞插上了翅膀。截至 2010 年底，委内瑞拉探明石油储量约 2965 亿桶，居世界第一。纵观整个 20 世纪几次石油繁荣—萧条的周期，每一次从中艰难恢复的委内瑞拉都变得愈加脆弱。1920—1935 年，石油在该国出口中的比例迅速增长，从 1.9% 激增至 91.2%。20 世纪 50 年代，军方独裁政权利用石油的繁荣大肆铺张；随后随着国际油价大跌，新政府不得不与累积的债务和日益加剧的贫困作战；70 年代的石油禁运让油价又飙升至历史高点，委内瑞拉政府收入大幅增加（1975 年政府出口每桶石油就能获得 9.68 美元），再次开始大肆开支和借贷。20 世纪 80 年代油价再次下跌让委内瑞拉过去 20 年累积的不平等问题重新凸显，政治动荡加剧。1999 年查韦斯上台后，为了获得最底层百姓的选票不断加大石油收入的福利分配，但持续的高消费、高投入让政府财政亏空不断加大。而委内瑞拉其他经济产业反而因缺乏资金投入逐渐萎缩，无法获得进一步发展。无怪乎有人形象地比喻称："当石油 100 美元 / 桶时，查韦斯强壮得像只大猩猩。而当石油 40 美元 / 桶时，他就是只无人理睬的小猴子。"2014 年油价大跌后，委内瑞拉采取了无节制印钞的货币政策，导致其经历了连续多年的恶性通胀和经济衰退。2013—2018 年，该国通货膨胀率分别高达 41%、63%、121%、254%、626%、250000%。委内瑞拉的 GDP 也从 2015 年的 3236 亿美元下降至 2020 年的 472.6 亿美元。当前，这个石油储量第一大国的贫困人口高达 90%，约 600 万人已被迫背井离乡。

讽刺的是，正是 20 世纪 60 年代委内瑞拉的原油部长、经济学家阿方索（Juan Perez Alfonso）最早拉响了"资源诅咒"的警报。他表示："我把原油称为恶魔的排泄物。它带来麻烦……看看这些重型慢性精神病吧——浪费、腐败、消费，我们的公共服务部门七零八散。还有债务，很多年我们都将摆脱不了的债务。"

石油是原罪吗？

"幸福的家庭是相似的，不幸的家庭各有各的不幸。"在政治制度和经济政策截然不同的国家中，来自丰富矿产资源出口的大规模收入却产生了扭曲经济的影响。人们不禁要问，为什么恰恰是这些生在蜜罐里、长在金山上、坐拥无数宝藏的国家，经济发展之路反而如此崎岖？拥有无尽的石油难道是这些国家的原罪吗？资源能源应该背这口"黑锅"吗？

从西方经济学的角度看，"资源诅咒"在某种程度上可以被归结为"产业单一诅咒"。传统的农业经济有"靠天吃饭"的形象比喻，一些资源富国也不例外。由于过分依赖开采和出售自然资源，造成产业结构单一，导致国家经济格外脆弱，极易随国际市场行情波动。当全球经济繁荣、大宗商品价格高涨之际，这些国家仅靠出口就能赚得"盆满钵满"，国内经济一片繁荣；一旦世界经济爆发危机陷入低迷、资源能源价格暴跌时，这些国家经济则会一落千丈，出现贸易赤字、货币贬值、债务违约、通胀攀升等问题。简言之，由于资源型经济体将"鸡蛋放在一个篮子里"，所以更容易出现宏观经济的大幅波动。此外，上帝的慷慨馈赠创造了一种经济繁荣的幻觉，即只要开采和出口自然资源就回报丰厚，因此这些国家也缺乏发展其他具有国际竞争力产业的动力。他们通常认为大部分制造业产品可以通过进口来满足，这势必会摧毁本国处于起步阶段的"生产型"制造业、农业或者高新技术产业，实现经济多样化成为一项重大挑战。因此，即使在国际大宗商品价格下跌的情况下，大多数政府仍然相对保守、故步自封、拒绝改革。

最经典的例子莫过于荷兰。20 世纪 60 年代，荷兰由于发现了大量的油气，经济开始转向资源开采业，通过出口积累起巨大的贸易顺差，国内经济一派繁荣。但很快，传统的农业和其他制造业被挤出国际市场，荷兰的国际竞争力被削弱，宏观经济的稳定性降低。类似的现象在国内外其他地方也多有出现，"荷兰病"一词由此诞生。后来，"荷兰病"通指一国特别是中小国家经济的某一初级产品部门异常繁荣而导致其他部门衰落的现象。

俄罗斯也长期面临同样的困境。虽然政府一直努力促进创新经济发展，但这一领域投资多、见效慢、难度大，俄罗斯政府在经济顺境时无动力、困境下无能力搞创新发展，产业结构调整只能是纸上谈兵。在此背景下，俄罗斯经济已对油气产业形成惯性依赖。实际上，由于经济长期缺乏内生动力，高油价也仅能"维稳"，无力促进经济高速增长。自2008年金融危机以来，俄罗斯经济增速一直低于世界平均水平。据俄经济学家安德烈·伊拉里奥诺夫评估，俄罗斯2008—2017年的GDP平均增速仅为0.4%，而这一时期平均油价在80美元/桶以上。

除了经济学视角外，西方政治家和学者还善于从制度层面思考石油的"政治属性"。在这方面，美国加州大学洛杉矶分校的政治学教授迈克尔·罗斯笃定地把资源与民主挂钩，称"石油一直是阻碍民主的一道壁垒"。2011年，罗斯在《石油阻碍民主了吗》一文中统计了50个国家的数据，以证明这些国家对出口石油和矿产的依赖。他认为，石油财富导致极权主义、经济动荡、腐败和暴力冲突。2012年，他又出版《石油诅咒：石油财富如何塑造国家的发展》（普林斯顿大学出版社，2012年），就石油及其对威权主义、父权制、国家间和内战以及经济不发达地区的影响提供了一系列解释。

罗斯指出，关于石油最重要的政治事实以及它在这么多发展中国家造成如此多麻烦的原因——是它具有规模、来源、稳定性和保密性四个独特属性。首先，石油收入的规模很大。原材料生产和出口是一个挣快钱、挣大钱的领域。21世纪初，阿塞拜疆开始增加油气产量后，政府支出在短短八年内增加了600%；赤道几内亚于2001年开始开采石油后，政府支出八年内激增800%。这些收入的庞大数量容易致使不民主的政府压制异议。其次，这些国家政府不是通过对其公民征税，而是依靠出售石油来充盈财政。当政府财政主要依靠税收时，其决策会受到公民的更多约束；当财政主要由石油资助时，当局不太容易受到公众压力的影响。再次，不稳定的石油收入不仅容易导致执政者挥霍财富，还会加剧地区冲突。最后，石油收入的隐秘性使以上问题更加复杂。这类国家政府经常与国际石油公司勾结隐瞒交易，并利用本国石油公司隐瞒收入和支出。

20世纪60—70年代开始，西方大型石油公司逐渐失去对国际石油市场的控制，几乎所有的发展中国家都将其境内的外国石油公司的经营权收归国有，并组建了自己的国家石油公司，一些政治家也应运而生。利比亚前总统卡扎菲1969年通过军事政变上台后不久，就着手进行石油行业的国有化，从而掌握了巨额的财富。伊拉克前革命指挥委员会副主席萨达姆也是该国石油行业国有化的"总设计者"。其后来担任伊拉克总统时，政府开支的一半以上来自伊拉克国家石油公司，而该公司的预算是保密的。有专家称，"当独裁者能够掩盖其财政状况时，石油是阻碍民主改革的较大障碍"。在中东地区，石油财富使各国君主和政治家变得更加强大，但同时使得公民变得更加脆弱。经济学研究发现，资源密集型经济体的贫富差距一般较高。而贫富分化又会衍生出许多其他社会问题，例如犯罪率上升、社会治理难度加大等，这些因素将长期限制其经济发展。丰富的自然资源往往会为寻租提供温床，更容易引发腐败、争斗、集权统治，甚至战争。

西方学者无不担忧地指出，从历史上看，石油是在已经富裕的国家发现的。自 1999 年左右石油价格开始上涨以来，这种情况开始发生变化：石油开采前沿已转移到越来越贫穷的国家。由于油价飙升，国际公司发现在贫穷、偏远且通常治理不善的国家工作的风险越来越大。2004 年以来，伯利兹、巴西、乍得、东帝汶、毛里塔尼亚和莫桑比克都已成为石油和天然气出口国。这意味着大量新收入开始冲击世界上最贫穷的国家。乍听起来，这像是一个惊人的好消息——是这些国家摆脱贫困的独一无二的机会。然而，最迫切需要资金的低收入国家也最有可能受到"资源诅咒"的打击。除非采取措施，否则这些"意外之财"只会伤害而非帮助那些深陷其中的人们。

心理诅咒？

显然，西方看待"资源诅咒"的经济和政治视角并没有穷尽所有的情况。"资源诅咒"与"没有资产阶级，就没有民主"以及"民主国家之间不会相互交战"这两个著名论断一样，在学界颇受争议。纵观世界范围内，澳大利亚、智利、挪威等国都通过充分利用本国的自然资源优势，获得了持续快速的经济增长；而一些资源极度匮乏的国家，如瑞士、日本、韩国、新加坡等，也在较短时间内实现了崛起。尽管丰裕的资源禀赋可能部分程度上引起产业结构单一、攫取型制度以及贫富分化加剧等问题，但是前者并不必然导致后者，资源并不必然导致"诅咒"，"石油本身不应该受到指责"。

一些学者进而指出，"资源诅咒"理论并没有抓住问题的本质，资源型国家的经济发展困境具有复杂的成因。会不会陷入"资源诅咒"的怪圈取决于大量因素，因此资源与民主的关系不属于物质特性，而属于文化和政治的范畴，仅仅通过各国之间的简单对比是无法解释和预测的。必须在国家历史中追踪观察经济、文化和政治的相互影响，同时置于更大的时空背景下才能理解一个资源型国家的国情与现实。其中，一些资源富国独特的文化和民族心理"隐隐作祟"，对于国家历史发展进程发挥着尤为重要的作用。在这方面，俄罗斯是最为典型的例子。

大自然的慷慨给了俄罗斯人广袤的土地和丰富的资源，但俄国的帝国逻辑始终充斥着一种"悖论式的不安全感"。国土愈大，俄国愈要扩张；资源愈多，俄国愈感不安。正如一些学者指出的那样，这个国家似乎从不相信自己会为上天所恩赐，其战略文化总是呈现出"反省自我与怀疑他者"的传统。由于人口数量始终处于相对劣势，守护如此之大的国土和如此之丰富的资源对于俄罗斯中央政府来说始终是巨大的挑战。虽然西伯利亚和远东是俄罗斯资源能源的富集区，但显然，俄罗斯人对这一地区的情感却是复杂而矛盾的。一方面，俄罗斯人自豪于该地区的地大物博，人们骄傲地称这片土地下埋藏着"门捷列夫元素周期表上的所有元素"，俄科学家罗蒙诺索夫也曾宣告："俄罗斯的财富将依赖西伯利亚而增长"；另一方面，俄罗斯人又对西伯利亚和远东的富饶资源和辽阔土地充满了不安与警惕。

在对待外资方面，2008 年，俄罗斯政府出台的《战略投资法》规定了对国防和国家安全具有战略重要性的领域清单，该法经历多次修改，目前包括储藏铀、金刚石、纯水晶（石英）原料、钇类稀土、镍、钴、钽、铌、铍、锂、铂金类金属的地下矿床；俄罗斯联邦内海、领海和大陆架；超过 7000 万吨的石油矿藏、超过 500 亿立方米的天然气储藏和超过 50 吨的黄金、铜矿储藏等均被列入国家战略资源项目。俄罗斯政府据此法案设立了外国投资管制委员会，对国防和国家安全具有战略意义的法人实体的外国投资进行监督。该委员会由联邦政府、反垄断局、联邦安全局、资源与环境部门等成员共同组成，负有对外国投资者或外资公司的控制权的协调责任。外国投资者及其俄罗斯境内外关联公司（合称"外国投资人"）在上述战略行业实施投资活动时，须遵守上述法律对于投资比例、投资主体、投资对象、投资程序等方面严格的禁止或限制性规定。十几年来，该法案屡次被修订，战略性领域清单和主管机关的监管权力不断扩大。总体来看，外资想要插手俄罗斯的战略性资源能源项目极其不易；而投资者显然对除了资源能源以外的其他领域投资也不十分感兴趣。

"世事愈变，俄国愈恒定。"美国外交家乔治·凯南在半个多世纪前的告诫至今依然时有回响。的确，自恃地大物博的俄罗斯还有另一个"心魔"，那就是习惯于对不利变化本能抗拒和选择性忽视，对一切新事物缺乏敏感性。"瓦尔代"国际辩论俱乐部项目主任博尔达切夫自信地指出，"俄罗斯是独一无二的，因为在19世纪欧洲各帝国中，它是唯一一个几乎以不变的形式保留下主要潜能（物质资源和力量储备）的国家"。而其最宝贵的财富和优势就是"丰富的自然资源、辽阔的西伯利亚、比欧洲任何一国都多的人口、强大的军队和有核武器作为保障的战略自主权"。这些条件"足以使俄保证自身的发展与安全，并不依赖国际秩序的支持，而中美则非常需要这样的支持"。这种浓厚的保守观念在能源资源领域表现得尤为明显。

21 世纪以来，尽管国际能源市场波诡云谲的变化对传统能源大国的俄罗斯产生了强烈冲击，但其应对显然是迟缓和被动的。在页岩革命问题上，早在 10 多年前美国的页岩技术就已实现关键性突破，2012 年美国页岩气的日益繁荣在很大程度上中止了俄罗斯在巴伦支海开采什托克曼油田（储量 3.9 万亿方天然气和 5330 万吨凝析油）的进程。但全球能源市场悄然生变似乎并未唤醒"沉睡"的俄罗斯。莫斯科卡内基中心经济政策专家莫夫昌指出，俄罗斯专家早就提醒过克里姆林宫页岩革命已开始，需要重组石油市场战略。"但几个颇具影响力的人物表示，页岩革命纯属'神话'和虚张声势。"2013 年，普京总统在民众连线中也曾自信地宣称："俄罗斯有足够的传统能源，页岩气生产成本远高于传统天然气生产成本。我认为我们并没有'睡过头'。"直到最近几年，国际油价震荡下跌、全球能源转型的趋势已势不可挡，俄罗斯才被迫"睁开双眼"面对现实，紧密跟踪全球能源形势的重大变化。

对于如何看待全球变暖和气候变化，俄精英和学界的认知也经历了长期的转变过程。20 世纪 90 年代，俄对自身生态脆弱性的认知判定结果是处于较低水平，认为气候变化（特别是全球变暖）可能给处于寒带的俄罗斯带来潜在利益，这使其未能充分重视气候变化带来的负面影响，长期在国际气候谈判中扮演"旁观者"的角色。21 世纪以来，随着各国对气候问题关注度上升和俄极端气候现象频发（气候变化危害集中体现在能源、农业和永久性冻土三方面），特别是在 2008 年梅德韦杰夫出任总统后，俄在气候变化问题上才展现出相对积极的态度。目前，俄二氧化碳排放量居世界第四位（占全球总量的 4.6%），气温上升速度也超过全球平均水平。俄联邦水文气象和环境监测局的数据显示，2017 年俄气候变暖的强度是全球平均值的 1.5 倍。在俄温室气体总排放量中，俄能源行业排量用于燃料燃烧、蒸发与泄漏占比高达 79%。俄罗斯逐渐认识到，发展高效能源和绿色技术，减少温室气体排放事关国家安全，无论从环保还是经济层面都符合俄战略利益。2019 年 9 月，俄时隔 4 年才正式宣布以"全方位合格参与者"的身份加入《巴黎协定》。

在推进能源转型的问题上，作为世界上能源资源最丰富的国家之一，俄罗斯国内能源开采不仅可以满足自身需求，而且还广泛出口到世界其他国家。由于能源相对易得且能源价格相对低廉，长期以来俄政府及公众未能充分意识到能源转型的迫切性和重要性。直到 2017 年，时任俄副总理德沃尔科维奇还在圣彼得堡国际经济论坛上表示，目前可再生能源价格"太过昂贵"。虽然大部分学者都承认，全球经济衰退、新冠肺炎疫情和低油价将加速"后石油时代"的到来，但部分俄精英仍然保持着相当的乐观。

地理诅咒？

关于资源能源的另一大争论是其可持续性。自从工业化时代以来人口数量和资源消费大幅增长，"资源枯竭论"就一直笼罩着人类社会。1932 年，英国经济学家马尔萨斯第一个发出资源枯竭的预警，认为人口增长将超过地球为人类提供生存资源的能力。罗马俱乐部 1972 年出版了轰动一时的《增长的极限》，指出人口增加、粮食短缺、不可再生资源枯竭、环境污染和能源消耗将把人类社会带入临界的"危机水平"。在石油工业诞生以后，石油恐慌更是被多次大肆渲染，有人甚至称，"第三次世界大战一定是石油战争"……尽管世界各地的资源短缺观点各异，出发点也不尽相同，但总体上都强调资源对经济增长的制约。100 多年以来，关于资源枯竭的争议和恐慌几度推高国际大宗商品价格，让资源型国家长期获益获利。而如今，这些国家又不得不正视新的地质现实。"天赐之地"是否面临"地理诅咒"？传统的资源能源能否取之不竭？

储量增速下降

近年，经济环境不佳、全球能源转型以及新冠肺炎疫情暴发导致油气上游投资持续下滑，2020 年降至 2008 年以来的最低谷。上游投入的持续减少导致全球油气新发现的数量和发现储量不断下降，现有或潜在资源开发不足，油气行业可持续发展不确定性加大。2010—2020年，全球共获得4360余个油气发现，新增发现可采储量2349亿桶油当量（约合320亿吨油当量），其中，可采储量超过10亿桶油当量（约1.4亿吨）的大型油气发现37个，新增发现储量达到863亿桶油当量，占油气新发现总储量的37%。2016—2020年与2011—2015年相比，全球新发现数量和新发现储量分别减少了45%和52%。英国石油公司（BP）的统计同样证明了这一点。根据其数据，2015年以来，全球已探明原油储量尽管以不同的速度逐年递增，但增速逐步下降。2015年，全球已探明原油储量为1.68万亿桶；2017年以后，全球新增已探明原油储量逐渐减少。到2018年，全球已探明原油储量为1.736万亿桶；2019年全球已探明原油储量出现负增长，仅为1.733万亿桶，同比下降0.12%。花旗集团的数据更令人震惊，其称自2015年以来，国际石油公司总体储量下降了25%，可获得的资源开采时间不足10年。2020年，新冠肺炎疫情暴发更令油气勘探行业遭受重创。根据《天然气与石油》杂志的年度评估，到2021年底，全球已探明石油储量为17245亿桶，低于2020年的17275亿桶。未来新储量的勘探将持续放缓，预计世界可采石油储量的约10%（约1250亿桶）可能被视为不可采收。

空间分布转向深海

从已探明储量来看，世界油气资源空间分布愈加不均衡。长期以来，全球石油生产主要集中在中东、北美和俄罗斯中亚三大区域，根据 BP 公司发布的 2018 年世界能源统计数据，上述三个地区的石油产量分别占全球总量的 34.5%、20.9% 和 19.2%。而全球天然气的生产则主要分布在北美、中东、俄罗斯中亚国家以及亚太地区。

但早在 20 世纪 70 年代中期后，海域、复杂构造及隐蔽岩性油气藏就已成为全球常规油气勘探的重要领域。陆地矿藏由于长期开采导致勘探难度增大，发现新的陆上大型构造油气藏殊为不易。在近十年的油气发现中，海上新发现油气可采储量 1482 亿桶油当量，占比 63%，其中可采储量 10 亿桶以上大型油气发现中，海上新发现储量占比更是超过 70%，海域油气资源潜力巨大。2011—2015 年间，全球可采储量超过 10 亿桶以上的大型油气发现中，海上新发现油气储量 435 亿桶油当量，占比 71.5%。2016—2020 年间的大型油气发现中，全球海上新发现储量为 178 亿桶油当量，占比 70%。近十年发现储量 10 亿桶以上的 37 个大型油气发现主要分布在大西洋两岸和波斯湾地区，占全球重大油气发现总数的 90%。大西洋两岸大型油气发现 7 个，波斯湾地区大型油气发现 4 个，巴西、圭亚那和美国三国获得了 16 个大型油气发现，占大型油气发现总数的近一半。最大的两个发现为伊拉克的 Faihaa 油田和圭亚那的 Liza 油气田。总体看，深水重大发现主要集中在大西洋两侧、东非、地中海等被动大陆边缘盆地。这些地区可能会成为未来油气勘探生产主力区域。

传统油气大国的困境

几家欢乐几家愁。在油气储量增幅下降、新增矿藏向深海转移以及页岩气异军突起的背景下，世界油气政治的版图在事实上逐渐被改写，传统油气大国已然处于守势和劣势。一方面，随着美国凭借"页岩气革命"强势跻身为国际能源市场的"关键参与者"，能源话语权和主导力持续上升，使国际油气市场呈现欧佩克、欧亚、北美地区等多极供应格局。石油市场已从俄罗斯与沙特"双头驱动"变为俄罗斯、沙特阿拉伯和美国"三分天下"，全球能源中心日趋转向西半球。在俄看来，美国日益成为全球能源市场的"搅局者"，对既有格局与规则、俄主导地位及利益形成了强烈冲击。而中东"世界油库"地位也显然遭到撼动，其在世界能源格局中的地位式微，在世界权力体系中的分量也随之下降。

另一方面，部分传统油气大国产量接近上限。中东部分油田已经连续生产80余年，正快速进入成熟期（也就是产量已经过了高峰期），沙特有相当高比例的油田处于这种状态。而一旦油田过了高峰期，其开采成本将明显增加。俄罗斯在这方面的问题就更加突出。当前，该国油气储量的补充和增长主要建立在扩大西西伯利亚产区的基础上，但西西伯利亚油气开采进入衰退期已是不争的事实。石油富集区汉特—曼西自治区行政长官亚历山大·费利潘克曾表示，该自治区的石油 560 万桶 / 日的产量大约仅能维持 10 年。该地区天然气的主要开采区也在很大程度上接近枯竭。据俄能源部门统计，梅德韦日耶气田 75% 已被采空；乌连戈伊产地 64.5% 已被采空；扬堡产地 54.1% 已被采空。2013—2014 年，除博瓦年科沃气田仍有增产以外，其他几个西西伯利亚主要气田产量均不同程度地下降。在此背景下，2040年前保持目前的产量水平是一项"极其雄心勃勃的任务，堪比美国的两次页岩革命"。根据最新版的《2035 年前能源战略》，俄罗斯石油产量高峰将出现在 2027—2029 年，此后将面临产量下降的不同场景：最乐观的情况下降 1.2%，最坏的情况暴跌 46%。到2035 年，俄罗斯现有油田的产能将不足当前产量的一半。

更重要的是，传统油气的开采成本在不断增加。苏联时期，西西伯利亚产区之所以取得如此辉煌的成就，重要原因之一是该地区油气田单井产量高、质量好，巨大的石油储量主要集中在 1800—2500 米的易开采深度。随着时间的推移，俄罗斯地质勘探的复杂性急剧上升。统计数据显示，在俄罗斯石油现有的储量结构中，目前仅有 33% 是易采储量，剩余 67% 均是难采储量，其中高黏度储量占 13%，低渗透占 36%，薄层占 4%，气顶占 14%。储量动态表明，随着采出程度不断提高，储量结构明显变差，难采储量比例越来越高。东西伯利亚油气产区高原和山地纵横，本身的地形地势条件较西西伯利亚更为恶劣，勘探油田的地质工作成本更高，花费时间是在西西伯利亚油田勘探开采的2倍。此外，东西伯利亚的大部分油田（尤其是那些还未进入实际开发阶段的油田）距已建成的东西伯利亚—太平洋石油管线相当遥远（约300—800千米，有的甚至长达1500千米），这导致未来能源运输成本也极为高昂。作为另一个被寄予厚望的产区，俄属北极地区的油气资源占全球大陆架总资源的52%。近年来，俄罗斯大型石油和天然气公司均将重点转移到该地区。但在西方制裁的背景下，俄罗斯既没有技术也缺乏资金实施北极大陆架开采。根据估算，海上生产的盈利基准线为110—120美元/桶，以目前的石油价格，开采北极石油没有任何经济可行性。这意味着，尽管北极的油气资源令人垂涎，但其开发前景却是非常遥远且未知的。

问题是，在全球能源转型和碳中和大势之下，人类的石油时代正在加速终结。这些资源能源即使在未来最终开采出来，还有多大的市场和需求？"地理诅咒"笼罩下的资源富国命运似乎又蒙上了一层新的阴影。

参 考 文 献

1　[俄] E.T. 盖达尔:《帝国的消亡——当代俄罗斯的教训》,社会科学文献出版社 2008 年版。

2　Michael L. Ross, The Oil Curse: How Petroleum Wealth Shapes the Development of Nations, Princeton University Press, 2012.

3　赵宏图:《新能源观:从"战场"到"市场"的国际能源政治》,中信出版集团 2016 年版。

6

第六章

后化石时代
能源版图

　　硅谷有句名言，"人们总是低估一个新技术或新事物的长期影响力，而高估了它的短期影响力"。随着化石能源负面效应和资源约束问题愈发凸显，出于维护能源安全、应对气候变化等多重考虑，特别是在碳中和目标的推动下，人类正加速走向后化石能源时代。

　　"所有现在看起来不可想象的未来，可能都是明天理所当然的现在。"在后化石能源时代，以风电、光伏等为主的可再生能源将迎来发展机遇期，同时能源电力化以及氢能加速发展趋势进一步增强，核聚变研发也不断取得新进展。随着人类对外太空的不断拓展和探索，诸多太空能源也将成为人类未来能源的重要来源。

可再生能源的黄金时代？

古老的水车和风车曾是欧洲中世纪文明的重要象征，如今风机、光伏和水电站等再次成为世界各地一道道靓丽的风景。在欧洲北海海岸线上连绵不断的巨型风电机不断旋转，中国新疆光伏电池板在戈壁上铺展地一望无际，巴西伊泰普水电站滔滔滚滚，源源不绝地为大城市输送电力。当今，大力发展可再生能源已成为越来越多国家的共识，并在世界能源版图中发挥着愈发重要的作用。

化石能源供应和需求在地缘上的不匹配性，造成了世界各国面临的能源安全困局，加之人们对气候变化、空气污染等化石能源引发的负外部因素重视上升，发展能够循环利用且不会造成污染的可再生能源，成为多数国家的选择，其发展背后的政治动力和经济推动力日趋强大，能源低碳、清洁化发展已经成为全球能源发展的重要特征，逐渐成为世界能源结构中的重要板块。

可再生能源是从可自然补充的资源中收取的能量，包括阳光、风、水、潮汐、波浪、地热和生物质等。所有可再生能源都是直接或间接地来自于太阳：太阳能是光伏设备吸收阳光能量转

化为电能产生，风能来自于太阳照射地球造成空气流动所产生的
动能，水能亦是利用下降或快速流动的水来发电或为机器提供动
力，而水的蒸发与凝结过程亦是依靠太阳。在目前的自然与技术
条件下，每一种可再生能源的发展条件和发展前景并不均等：水
能由于受到地理条件和水资源分布的局限，其进一步发展的空间
有限；地热能、潮汐能等要么技术成熟性有限，要么经济性不
足，亦不具备大规模普及开发的潜力；生物质能需要经过燃烧而
转化为能量，仍然面临温室气体排放的问题。而太阳能和风能是
目前以及未来最具发展潜力，并有望在全球能源版图中扮演重要
角色的可再生能源。

从资源上看，与化石能源聚集于某些国家或地区相比，可再生能源分布较为均匀，其资源总量也十分丰富：水能、陆地风能和太阳能资源分别超过了 100 亿千瓦、1 万亿千瓦和 100 万亿千瓦，人类只需要开发其中万分之五就可满足全球能源需求。2012 年联合国政府间气候变化专门委员会做的风力技术资源评估认为：全球风力资源超过了全球总用电量；撒哈拉沙漠 1% 的太阳辐射如果能够被聚光太阳能发电系统使用，就可以满足当今世界的用电需求；能量转换效率为 15% 的光伏模块覆盖亚利桑那州 1.4% 的面积，就能满足整个美国每年的能源需求。

人类利用可再生能源的历史悠久，以生物质燃料的形式利用可再生能源的历史可以追溯到 100 多万年前。3000 多年前，中国人利用阳燧（一种用于引燃的镜子，中国古代利用太阳光点火的器具）来聚光生火，是人类已知使用太阳能的最古老的方式。考古证据显示，苏美尔和古巴比伦等古代文明已经使用水力灌溉设备，3 世纪罗马帝国希拉波利斯锯木厂以水车加工木材。13 世纪荷兰人发明了风车，用于低地地区排除海水以及驱动磨坊。1839 年，法国科学家贝克雷尔发现光伏效应，1877 年人类制成第一个硒太阳能光伏电池。而随着煤炭的大规模使用，化石能源由于其能量密度高、经济效率强，从而逐渐取代了可再生能源的地位，内燃机的发明则将人类能源引入了石油时代。

20 世纪下半叶以来，一些国家重新发现可再生能源的利用价值并加大研发投入，主要是出于能源安全和环境保护方面的需要。20 世纪 50 年代，美国启动太空计划，由于太阳能供电是当时维持卫星无限期运行的唯一办法，太空和国防订单给处于技术发展初期的太阳能光伏电池板产业每年带来 500 万—1000 万美元的市场。20 世纪 70 年代发生了石油危机，这一事件更增强美国等国家以发展可再生能源保障能源安全的意愿，美国政府大力扶持太阳能产业，卡特总统下令在白宫安装太阳能热水系统以表示政治支持，使得 20 世纪 70—80 年代美国主导全球太阳能产业。同一时期，由于德国民众对发展核电的风险高度担忧，因此民间组织、企业联合科研机构等共同推动发展太阳能发电，寻找核电和化石能源的替代品，奠定了德国和欧洲可再生能源的发展基础。而濒临北海的丹麦在石油危机后选择向风要能源，国家提出大规模发展风电的计划，并向企业提供大量补贴和支持，不仅撑起丹麦用电量的半壁江山，而且培育出维斯塔斯等世界级风电设备制造企业。

鉴于可再生能源无污染、可再生等特点，许多科学界和产业界人士对其寄予厚望。2006 年，哥伦比亚大学教授特拉维斯·布拉德福德预计，未来 40 年内太阳能每年增长速度将达到 20%—30%。美国富豪布恩·皮肯斯曾设想，在美中西部走廊通道上修建 4000 兆瓦风力发电站，把淡水从得克萨斯的锅柄状地带运到达拉斯。2008 年《科学美国人》刊文设想一项太阳能开发计划，帮助美国在 2050 年结束进口石油。除了畅想可再生能源解决替代化石能源的前景,一些学者已经展望可再生能源产业将构成新一轮产业变革的重要组成部分。世界经济论坛主席克劳斯·施瓦布将可再生能源及其相关产业的发展列为全球第四次工业革命的重要趋势之一。美国学者杰里米·里夫金将互联网和新能源相结合基础上的新经济称为"第三次工业革命"。

目前,可再生能源在全球范围内发展迅速。2008 年以前,全球可再生能源产能发展速度还仅为兆瓦计算,而 2020 年全世界增加 261 吉瓦的可再生能源装机容量,总装机量达到 2799 吉瓦,为 2012 年的 2.1 倍,2012—2020 年年均增速达 23.8%。其中,风能装机量 2020 年达 733 吉瓦,增长 111 吉瓦,光伏装机量达 713 吉瓦,增长 126 吉瓦。在成本方面,可再生能源安装成本和发电成本在过去十年中随着技术变革而显著降低,2020 年全球光伏、陆上风电与海上风电发电安装成本分别为每千瓦时 883 美元、1355 美元和 3185 美元,比 2010 年分别下降 81%、31% 和 32%,平均发电成本分别为每千瓦时 0.057 美元、0.039 美元和 0.084 美元,较 2010 年分别下降 85%、56% 和 48%,新建可再生能源项目的成本已经能匹敌目前最廉价的燃煤发电厂。在可再生能源技术方面也不断取得新的进步:20 世纪 80 年代风电机的最大功率为 50 千瓦,而 2021 年 10 月由中车永济电机公司自主研发的风力发电机功率达 18 兆瓦,为 20 世纪 80 年代的

360 倍；1954 年贝尔实验室设计的世界第一款光伏组件光电转换效率仅 6%，20 世纪 70 年代达到 13%，目前硅电池最高能实现 25% 的转换率。

从某种意义上说，可再生能源已进入了历史上发展的黄金时代。人类从未如此大规模和高效率地利用可再生能源，其增长速度也是前所未有的。2020 年第一季度全球可再生能源在全球发电量中的份额从 2019 年第一季度的 26% 跃升至 28%。欧盟 2019 年可再生能源占能源消费比重达 19.7%，瑞典、芬兰和拉脱维亚分别高达 56.4%、43.1% 和 41%。中国也是世界可再生能源发展的重要一极，截至 2021 年 10 月底，可再生能源发电累计装机容量达到 10.02 亿千瓦，比 2015 年底实现翻番，占全国发电总装机容量的比重达到 43.5%，比 2015 年底提高 10.2 个百分点，水电、风电、太阳能发电和生物质发电装机容量均稳居世界第一。

在全球大多数国家和地区中，可再生能源发展大大超出了人们的预期。2000 年，美国能源信息署预测，至 2020 年可再生能源只能占世界能源消费总量 8% 左右，而 2019 年全球现代可再生能源和全部可再生能源比重已经分别达到 11.2% 和 19.9%。国际可再生能源机构（IRENA）总干事弗朗西斯科·卡梅拉欢呼"可再生能源时代来临"。

不过，受制于其本身的一些特性，现有技术条件下的可再生能源成为未来人类能源的"唯一选择"或主导能源可能并不现实。可再生能源的低密度对其广泛使用造成了较大的限制。虽然理论上地球上的太阳能和风能收集很小一部分就能满足全人类的能源需求，但可再生能源在大自然中存在密集程度远低于化石能源或核能，从自然中提取、收集、储存能源的效率依旧较低，这就意味着可再生能源扩大产能将占据大量土地。此外，全球风能和光伏资源的充足程度仍然不均，比如各国风力大小以及太阳照射强烈程度不同，就会影响到部署可再生能源产能的发电效率以及经济效益，光照或风力资源不足的国家很可能为了可再生能源转型而付出更大的代价。同时，可再生能源的低密度局限性也反映在扩张发电产能的挑战上。瓦茨拉夫·斯米尔曾预测，能源体系中替换煤电或核电机组将需要两倍产能的可再生能源机组，如替换美国 870 吉瓦的煤电或核电产能，则需要新增 1740 吉瓦的可再生能源机组，是 2020 年全世界新增可再生能源装机容量的 6.7 倍。从成本角度看，仅美国替换全部传统发电产能就需 2.5 万亿美元发电产能投资和 1.5 万亿美元电网投资，而全球可再生能源转型投资更将是 100 万亿美元的一个天文数字，而 2020 年全球新增可再生能源投资总额仅为 3035 亿美元。

可再生能源波动性带来新的能源安全问题。风电、光伏间歇性的特点给电网设计和调度带来了问题，很多国家现有电网是基于化石电厂为主能源结构所建设的，可再生能源大规模提升使用占比造成电网剧烈快速波动，势必给电网稳定运行带来较大冲击。因此，为了适应可再生能源发展而进行的大量基础设施投资，将致使可再生能源相对经济竞争力受到削弱。美国物理学家瓦伦·西瓦拉姆指出，现有硅太阳能光伏技术成本的小幅下降，将很快被太阳能电池板电力价值的迅速下降所抵消。另外，可再生能源在供能不足的情况下将给电网乃至经济社会整体造成相当大的能源缺口，进而成为能源危机的诱因。2002 年巴西的伊泰普水电站机组大规模停运造成该国 10 个州以及首都巴西利亚大面积停电 4 个多小时，交通、股市、工厂乃至核电发电都受到严重冲击。欧洲国家受天气影响导致可再生能源发电量减少，巴西水电发电量因水量减少而大幅下降等现象，造成需要天然气甚至煤炭来填补的能源供应缺口，部分推动了 2021 年全球能源供需紧张和价格飙升。

可再生能源可能面临新的依赖问题。可再生能源虽然意味着能源本身可以摆脱从国外进口的问题，但是建立可再生能源产能则需要相关技术、设备以及基础设施，也就意味着推进可再生能源转型仍然需要国外资源的贸易。可再生能源的兴起已经造成金属行业需求的急剧增加，比如风电机生产需要大量的钢铁、铝、铜乃至稀土，光伏电池则需要高纯度的硅、锂及稀土等，近年来有关可再生能源的金属供需紧张问题持续发生，主要大国纷纷提出巩固和稳定金属资源供应链的战略。此外，可再生能源设备维护、检修、更替以及国家间可再生能源贸易的增加，也将导致新的相互依赖关系的出现。

可再生能源可能引发的环境问题。可再生能源远非对环境百利而无一害，其环境代价往往是隐性和不易发现的。比如可再生能源设备生产过程中仍有温室气体排放，全能源生产环节上仍有温室气体输出。在使用过程中不排放或很少排放温室气体，但其在生产或设备制造过程中不可避免会产生一定的有害物质。生产光伏电池使用镉、砷等有毒材料，生产和回收环节上都有可能造成污染。开发水电造成田地淹没，建设水坝也将遭遇淤泥堵塞、生物巡游受阻等挑战。

但总体而言，可再生能源对于经济和环境以及人类安全的正效应不言而喻。虽然短时间内完全替代传统能源并不现实，在现有科技条件下其利用部署的经济性仍然不具备明显优势，但在这一领域持续增加投入对于中国以及世界能源安全和可持续发展都具有重要意义。正如斯米尔所言："新技术优势不明显，也没有人们所想的那么出色，但我们还是应该坚持这种技术的应用。"

第二次电力革命

2013 年，美国《大西洋月刊》邀请一些科学家、技术史学家、工程师、企业高管等组成一个专家团，评估 6000 年以来人类最伟大的发明，电被列在印刷术之后成为人类第二大伟大发明。专家团认为，电催生了电灯、半导体电子设备、互联网、个人计算机、电话、无线电、空调、电视等覆盖人类生活各方面的事物，建构了现代生活的基础。电能够点亮电灯提供照明，转化成动能驱动汽车和高铁，转化成热能以电暖气来取暖。电可以产生超过任何燃料燃烧的温度在工业上适用于冶金等高温工艺，数字时代下电能更是维护数据中心等服务的能量来源。相对于其他能源而言，电能有很多优点，例如使用时没有噪音，可通过电线而不必通过实体燃料的方式传输，使用中可以做到无菌级清洁，能够最大限度以可再生能源方式提取，并且可灵活转化为动能、热能等能源。

电力的应用曾被视作人类历史上继煤炭引发的第一次工业革命后的第二次工业革命。收音机、电话、电视机、家用电器和电灯相继问世和普及，展示了电力的强大能量，也深刻改变了人类交通、通信方式乃至生产关系，人类进入电气化时代，电力也逐渐成为一种现代国家离不开的能源。列宁曾经说过，"共产主义等于苏维埃政权加全国电气化。"

全球目前正面临一场由数字技术、生物技术、新材料技术等牵引的一场新的科技和产业革命，而电力化的进一步发展则是这场新产业革命的关键之一。全国政协委员舒印彪认为，21 世纪以来的能源生产和消费革命持续深化，全球范围正在开启新一轮再电气化进程，实质就是能源生产和消费革命的过程，主要体现在生产端和消费端的两方面变革。在生产端，再电气化体现为越来越多的一次能源特别是风能、太阳能等可再生能源以电力的方式得到应用。从终端消费环节看，电能正在对化石能源形成深度替代，如电动车等电气化交通的大规模发展，电采暖、热泵等方式逐渐应用于供暖和建筑用能，各行业以电代煤、以电代油的力度将越来越大。

目前，全球的"再电气化"革命呈现出以下特点：

一是电力消费将明显上升。全球能源转型和数字化革命会催生电力使用的增长，发展中国家城市化和工业化也将带来庞大的电力需求。全球能源组织报告预测，2050年全球电力生产将比2010年提升123%—150%，发电量将达479亿—536亿兆瓦时，发电相关投资将达到19万亿—36万亿美元，占最终能源消费将从2010年的17%增长至27%—32%，全球无法用电的人口将从12.67亿人降至3.19亿—5.3亿人。美国能源信息署预测，到2040年，全球电力需求将增长一倍，达39万亿千瓦时，其中大部分来自目前基础设施薄弱的发展中国家。

二是电力的使用方式将出现变革。在交通领域，电动车有望让汽车出行"绿色化"，自动驾驶技术可协调最优路线和能源使用方式。在数字经济中，数据中心、通信基站都将成为电力使用新增长点，大数据中心至2030年将消耗掉世界30%的电力。在电力生产和使用方面，"大型发电厂—电网—用户"的单向格局将被打破。分布式电源、储能、负荷监控等设置组成的可再生能源"微电网"正在兴起。它既能独立运行也能连接大型电网，将打破能源消费者和生产者的界限。可再生能源"微电网"在我们身边的发展越来越多：2017 年投入使用的苹果公司新总部即实现 100% 自产可再生能源供电，中国东部沿海以及西北欧国家海岛上正试点自建离网海岛供电体系。

三是电力系统的管理方式出现革命性变化。人工智能等数字化技术将提高电网的智能化程度和效率，降低成本和安全风险。储能技术的突破有利于克服可再生能源间歇性和波动性问题，提升电力系统对可再生能源的兼容性，助力经济低碳转型。特高压电网提升了国家内部区域间甚至国家之间调配电力的能力，电力基础上的能源互联互通得以极大程度提升。中国特高压交直流输电技术已经发展成熟，特高压输电距离能达到 5000 千米，可以实现洲际的电网连接，并克服可再生电力与电力使用的对接面临的地理限制，达到"特高压治霾减排"的效果，相对运输石油、煤炭等实体相比能源传输消耗少、效率高，特高压输电与 5G、高铁、数据中心等一同列入"新基建"行列。

展望未来，新一轮电气化革命有望重构全球能源版图。电力化进程将助力全球能源基础设施互联互通水平，提升全球能源利用效率，构建全球性能源网络。电力网络的建设特别是跨区域网络建设，将帮助地区间以及国家间电力互通有无，有助于提升各国电力化水平、能源低碳化水平。历史上，人类曾构建北美输电网络、欧洲输电网络、波罗的海输电网络、俄罗斯输电网络等大型电力传输体系，电力互联互通已经付诸于实践，其经济性和实效性毋容置疑。

2015 年 9 月，中国国家主席习近平在联合国发展峰会发表讲话时指出："中国倡议探讨构建全球能源互联网，推动以清洁和绿色方式满足全球电力需求。"全球能源互联网在全球引领"智能电网 + 特高压电网 + 清洁能源"的电力化变革，逐步经过国内互联、洲内互联、洲际互联三个阶段，逐步形成全球互联格局，"电的输送距离可以无限远"。

虽然再电气化将是各国能源发展在未来二三十年里的总趋势，但这种趋势并非百利而无一害，其仍然暗藏一定的能源安全风险乃至国家安全风险。电力化发展往往伴随着电网和能源体系的风险增加，在面对自然灾害、电网人为事故等问题中往往更为脆弱，尤其是大国的大规模电网一旦出现停运问题将造成严重经济社会损失。21 世纪以来全球已经出现数十起电网停运事件，既发生在美国、韩国等发达国家，也出现在印度、巴西、委内瑞拉等发展中国家。2003 年发生在美国东北部的大停电源于电网设施超载，2005 年 5 月莫斯科大面积停电造成交通瘫痪、交易所停运、化工厂爆炸等，2011 年 9 月韩国电力公社"未事先通知而采

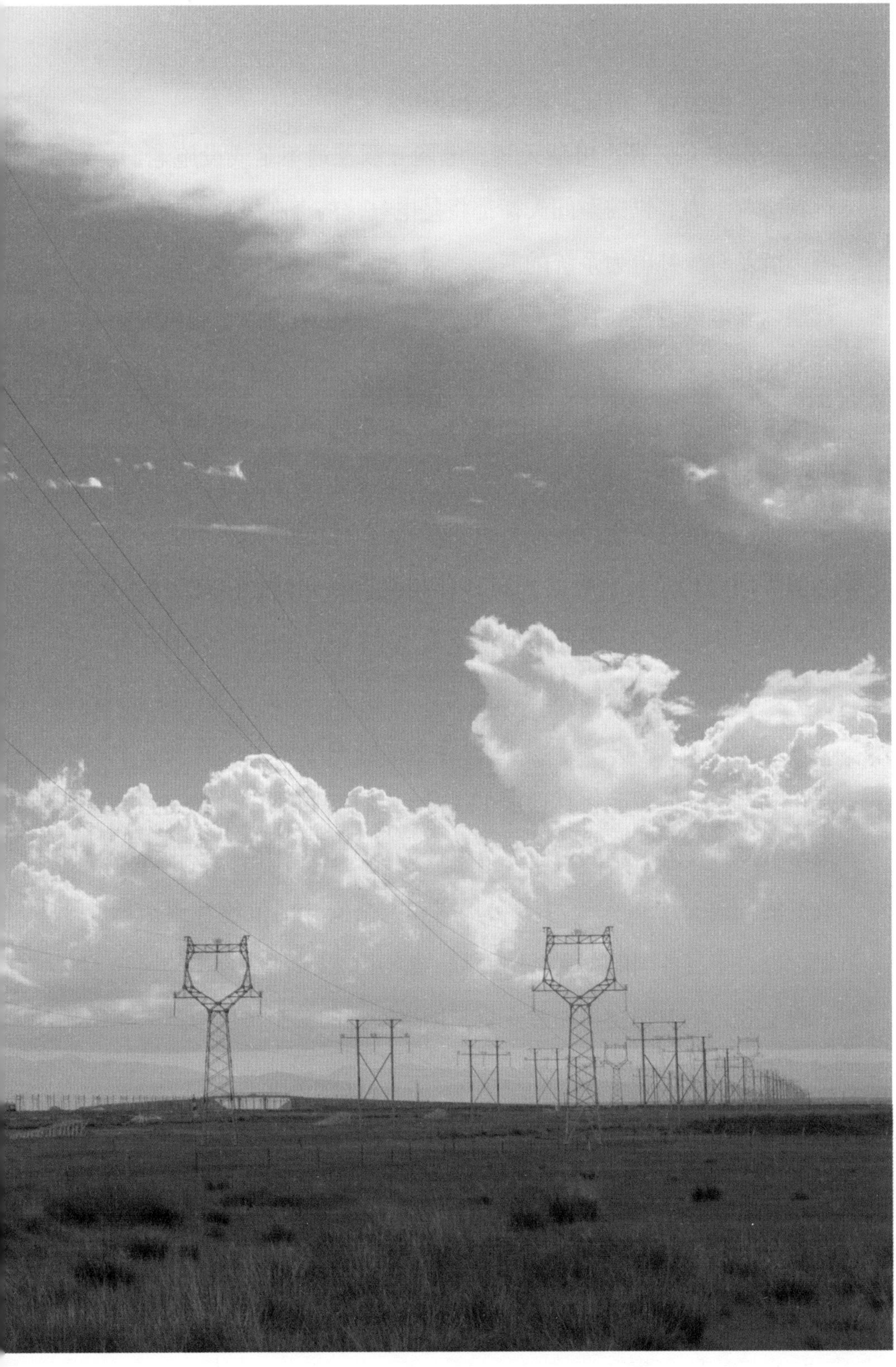

< 青海湖畔的特高压输电塔

取轮流停电措施"造成全国大面积停电。

由历史案例看，极端天气、电网互联互通不足或设施老旧、运营协调不力、供需瞬间失衡都将是电气化的潜在风险。如果一国不能及时修补电力系统的漏洞，未来将遭遇更多挑战。如美国长期以来电网老化、管理不善问题屡屡导致电力事故，美国前能源部长比尔·理查森曾刊文警告："美布局无序、运营低效的电网严重影响美用电安全性和可靠性。"2021 年得克萨斯州寒潮引发的大规模停电、停暖事件造成 1950 亿美元和 210 人丧生的惨重损失，而得克萨斯州能源系统相对独立、设施防范极端天气能力弱等问题均是长期弊病，2011 年得克萨斯州就曾出现寒流引发大规模断电现象。因此，加强相关风险防控，是电气化时代各国维护能源安全的必修课。

随着电力化程度加深，电力体系面临网络安全风险逐步上升。电力系统的智能化管理水平提升，通过互联网以及数字智能技术掌控、管理、调配正在成为发展趋势，在电力系统管理提升效率的同时，电力系统对于互联网和网络安全的依赖性逐渐增加，也意味着各国电力系统中面临"断网"以及网络攻击的风险不断上升，电力安全和能源安全与网络安全的关系将出现越来越密切的趋势。

近年来，涉及电力系统的网络攻击受害者遍及多国：2015年 12 月，乌克兰电力公司表示该公司遭到网络入侵，因此导致

30 个变电站出现故障，引发大规模断电；2016 年 12 月，乌克兰国家电网运营商受到恶意软件植入攻击袭击，造成电力设施的物理破坏；2019 年 3 月，委内瑞拉古里水电站遭遇网络攻击、电磁攻击、燃烧爆炸三波混合攻击，发生持续 6 天的大规模停电事故；2020 年 6 月，巴西电力公司遭受勒索软件攻击，被黑客勒索 1400 万美元。

网络攻击的挑战与设施老化、管理不善等电力系统问题叠加共振，相关袭击造成的损失更可能进一步被扩大。中国每年遭遇的网络攻击多达 200 万次，电力部门亦是被攻击的重点，电力系统的网络安全挑战将随着能源电力化和智能化水平增大而更为显著，成为各国能源转型过程中不得不应对的挑战。

氢原子蕴含的可能性

孩子们手中的氢气球能够轻松飘在空中，承接了飞向蓝天、飘向远方的梦想，人类对氢作为一种清洁、高效的能源寄予了厚望。氢占据宇宙物质的 75%，是自然界最简单、储量最丰富的元素，在地球上可以是无穷无尽的。氢是水的组成部分，作为燃料燃烧后产生热量和水，其产生能量的过程中没有任何有害物质产生，单位质量的氢气相对其他燃料燃烧时释放的热量最多，意味着它比目前使用的燃料效率更高。

自氢元素被发现以来，人类就试图探索氢的应用情景。18世纪末，法国化学家吉通·德·诺尔沃就建议大量制造氢气用于充气球，1794年法国巴黎制造出人类第一台氢气制造机。1874年，法国小说家儒勒·凡尔纳在《神秘岛》中描述了这样的场景："未来代替煤炭的将是水，水中提取的氢和氧将是取之不尽的光和热，其能量密度将远远超过煤。"1923年，英国科学家约翰·伯登·桑德森·霍尔丹发表了一篇论文，预判氢能将成为未来的主要燃料，并详细论述了4个世纪后英国将以可再生能源电解制造氢气满足交通、取暖、工业用能的图景，霍尔丹的描述已经和当前氢能推动能源转型的设想极为相似。

自从人类发现氢的燃烧能够产生巨大能量后，就一直在探索应用氢能的方式。1806年，人类发明的第一台内燃机由氢能供能。1839年，人们设计出了第一块氢燃料电池。20世纪20年代，欧洲和北美开始出现了商业化制造氢气的实践。20世纪30—40年代，英国和德国已经探索氢能在飞艇、汽车、卡车、机车、潜水艇、鱼雷等方面作为混合燃料的应用。20世纪70年代欧共体在氢能的科研经费投入就达到7200万—8400万美元。1988年，苏联研制出以液态氢为燃料的图波列夫商用喷气式飞机。1992年，比利时试验了世界第一辆氢燃料公共汽车。1998年，英荷壳牌公司成立了独立的氢能开发部门。1999年2月，冰岛宣布要将本国建设为世界上第一个氢经济国家，壳牌公司、戴姆勒和挪威油气化工企业海德鲁公司共同与冰岛的企业、研究机构和政府合作推动冰氢能转型。

随着石油危机和气候变化等因素的影响，人类越来越多地将目光投向了氢能。罗伯特·海夫纳三世认为，氢经济是人类文明的终极能源目标，将为人类的可持续生存与发展提供所需的能源。他指出，从人类使用能源的化学结构来看，从木柴到煤炭再到石油和天然气的转型进程，是消耗碳原子比重不断下降，消耗氢原子比重不断上升的进程，一个半世纪之前，我们的能源几乎全部是碳，而21世纪我们使用的2/3是氢（石油和天然气成分中氢物质占比远高于煤炭）。

在某种意义上，氢能有望成为连接可再生能源和未来经济与社会能源需求的"桥梁"。可再生能源具有密度低、波动性大、（电力）难以储存等问题，难以满足建筑用能、交通运输和冶金、化工等工业领域中持续、高密度用能。电解制氢为其拓展了可再生能源利用的管道，可再生能源转化为氢能后更容易储存和运输，同时也进一步提高能量密度，使得氢能为可再生能源提供转换渠道、储存渠道和利用渠道，比如炼钢可以烧氢、驱动重型卡车和轮船可以用氢，从而在上述领域能够以可再生能源取代化石能源的潜力，在汽车、造船、航空航天、电力等多个领域也发展潜力巨大，使得"氢能＋可再生能源"在理论上可以给国家提供

后化石时代能源版图

191

低碳、自主供应的能源来源，在绿色发展以及能源安全方面的战略价值不言而喻。联合国工业发展组织比较了汽油、甲烷和氢燃料，认为氢是最理想的燃料。杰里米·里夫金曾预测称，德国"能源互联网"的构成，就是将千万个企业和家庭收集的可再生能源以氢气的形式储存，并在覆盖整个智能能源网络里使用。

目前，人类应用氢气的方式主要以电解水分离出氢气，进而为运输、工业等方面提供燃料。人们根据造氢过程是否有温室气体排放给氢定义"颜色"：通过化石能源燃烧（有温室气体排放）产生的氢气被称为"棕氢"或"灰氢"；用天然气等化石能源制氢过程中采用碳捕集、利用与封存（CCUS）技术得到的是"蓝氢"；而通过使用可再生能源（太阳能、风能和核能等）发电进行电解水制成的氢是"绿氢"。随着各国投入不断增加，氢能在过去30年发展迅速。国际能源署数据显示，全球对于氢能的需求已从1975年的1820万吨上升到2018年的7390万吨，增长超过3倍。随着各国加紧投入和技术手段不断提升，氢能使用成本也将有望不断下降，早在2010年美国能源部估计，使用可再生能源发电电解水制氢的成本已经和汽油成本相当。

主要大国都在氢能领域加紧政策支持、技术投入和产业扶持。2020年，美国能源部发布《氢能计划发展规划》，推动氢能成本降低、产能增加、加强关键技术环节研究；法国、德国、意大利、西班牙、荷兰等欧盟国家2020年以来均提出氢能战略，欧盟计划 2030 年将制氢产能提升至 40 吉瓦，并将"绿氢"大规模部署各个难以实现脱碳化发展的行业之中；日本丰田公司从 1992 年就开始研制氢电池汽车，深耕近三十载，其技术积累、专利拥有等方面实力雄厚，坚持开发一条异于主流电动车技术路线的新路，2017 年日本出台《氢能源基本战略》，将氢能研发提升至国家战略高度，特别重视氢电池汽车及其相关产业发展；2019 年韩国出台"氢经济发展路线图"，成立总理牵头的"氢经济委员会"，颁布全球首份《促进氢经济和氢安全管理法》，现代汽车等车企也加紧布置氢电池汽车产业；沙特、俄罗斯、卡塔尔亦有意推动制氢工业发展特别是寄希望于天然气制氢的市场前景。

< 燃料汽车的加氢站

不过，氢能的发展也面临一些重要的掣肘。首先，氢能的物理性质决定其储存利用的难度高于化石能源。这使得氢气无论通过车辆、船只还是管道的运输，相关设备必须特殊改造。如氢可以使钢脆化，因此管道、存储容器、输送容器、压缩机等设计制造要远比天然气设施复杂，成本也将更高，从而造成氢能成本竞争力和使用普及化上的障碍。如美国和西欧目前天然气输送管道总长分别达 160 万千米和 185 万千米，而氢气输送管道则分别为 2200 千米和 1500 千米。其次，氢能特别是"绿氢"目前来看成本仍然处于高位，相较于石油、天然气等传统化石能源并不十分划算。如 2018 年天然气制氢、采用碳捕捉和封存技术的天然气制氢、煤炭制氢成本分别为 0.9—3.2 美元 / 千克、1.5—2.9 美元 / 千克、1.2—2.2 美元 / 千克，而可再生能源电解制氢成本却高达 3—7.5 美元 / 千克，其底价接近化石能源的最高价。目前 99% 的氢能由化石能源制成，可再生能源水电解氢在氢能制造的版图中几乎忽略不计，更不用说在整个能源结构的大盘子中了。因此，人类寄托氢能密度高、清洁无污染的进入未来能源重要版图的愿景，与目前氢能技术、产业、成本方面的不成熟形成较大落差，充分发挥其潜力仍然需要很长时间。

　资源能源与国家安全

第六章

核聚变与反物质

随着人类经济社会的发展，人类对于能源数量和质量的需求也将不断上升。从人类历次能源转型和能源革命的历史经验看，总体上能源应该朝着能源密度越来越大（单位能量越来越高）、越来越清洁、储量丰富等方向发展。而且随着温室气体排放量的不断增加，人类使用化石能源付出的环境代价也越来越大。人类为了实现真正的可持续发展，未来的能源必须在数量、质量和密度上满足人类需求，必须兼顾环境、资源和效率等多方面因素。

我们无法准确预测未来的能源究竟是什么，但或许可以从当前科技发展乃至艺术和科幻作品中探寻未来能源发展的脉络和轨迹。如今许多我们习以为常的科技，往往来源于历史上人们的理想甚至是幻想。古希腊的伊卡洛斯试图用蜡制羽翼翱翔天空而身落人亡，但如今人类却早已实现航空旅行甚至漫游太空。法国作家儒勒·凡尔纳在《海底两万里》中描绘的"鹦鹉螺"号潜艇在当时被视为天方夜谭，而1954年美国海军下水的第一艘核潜艇却向凡尔纳致敬而被命名为"鹦鹉螺"号。20世纪八九十年代，许多科幻作品中都出现了人们通过电子屏幕通话的场景，如今的视频通话、视频会议已经成为我们生活的一部分。

核聚变在很多方面符合成为未来能源的要求。在电影《流浪地球》中，人们对给地球安装行星发动机推动地球走出太阳系的浪漫与勇气印象深刻，而行星发动机燃烧的"石头"和点燃发动机的"火石"更是让人兴趣浓厚。实质上，所谓燃烧的"石头"指的是硅元素聚变为铁元素的重元素核聚变反应产生能量，而"火石"则是指提供核聚变反应 20 亿—30 亿度的高温的物质，由一枚氢元素聚变体来构成。因此，《流浪地球》等作品反映了人类对于未来可控和高效核聚变提供能源、向物质聚变要能量的渴望，这些奇思妙想也来自于当前人类对于核聚变现象及其背后原理的探索与研究。

与燃烧铀、钚等放射性燃料释放能量的核裂变不同，核聚变是指在超高温或超高压等特殊条件下，两个较轻的核结合而形成一个较重的核和一个极轻的核或粒子的核反应过程，在此过程中产生质量耗损而释放出巨大的能量。人们熟知的核武器氢弹的原理即是利用氘、氚等氢同位素发生核聚变反应释放的能量来制造武器。自 1932 年澳大利亚科学家马克·奥利芬特发现核聚变现象后，人类就一直探索如何利用这种巨大的能量。1951 年美国试验爆炸成功第一枚氢弹，标志着人类开始探索核聚变的应用，此后主要国家在发展热核武器的同时，关于民用核聚变技术的研发探索也迈开步伐。

相较于核裂变，核聚变在能源应用上具有非常多的优势。比如在核反应原料上，氘和氚可直接取自海水，海水中仅氘就有 45 万亿吨，释放的能量足够人类使用上亿年。在事后处理上，

核聚变产生的核废料半衰期极短、安全性也更高。太阳等宇宙恒星中释放的巨大能量大多来自于核聚变反应，每秒太阳发生 6.2 亿吨氢的核聚变。在能量密度上核聚变也是惊人的，比如每升海水的 0.03 克氘，经过核聚变释放 300 升汽油的能量。

　　中国国际核聚变能源计划执行中心主任罗德隆指出，核聚变能具有资源丰富、安全、清洁、高效等多种优点，能基本满足人类对于未来理想终极能源的各种要求。同时，由于核聚变原料极易获得，科学界对于其为人类提供低成本、高效率能源寄予了厚望。2020 年，英国学者尼古拉斯·霍克在英国皇家学会《自然科学会报》刊文预测称，核聚变发电成本有可能降至每兆瓦时 25 美元，远远低于陆上风电的每兆瓦时 50 美元与传统核电的每兆瓦时 100 美元。在科学界的愿景中，如果解决了建造设备和运营的成本，可控核聚变可以使边际成本几乎为零来向人类提供电力。

人类对于核聚变的探索，正是在向"人造太阳"的目标努力，去向广阔的自然界寻求清洁而磅礴的能源。不过，人类探索核聚变的历史并不顺利。虽然人们深知核聚变的优点、特性并期待其发展前景，然而如何达成核聚变反应的苛刻条件，以及如何控制核聚变反应却难度极大，各国也在各种热核反应的技术路线中艰难摸索，而且科研成本极高，即使超级大国也难以承担。

1971 年，欧洲原子能共同体决定支持"欧洲联合环形加速器"（Joint European Torus）核聚变研究计划。1978 年，英国卡勒姆建立了聚变能研究中心。1974 年，美国提出建设"托卡马克核聚变试验反应堆"的计划，并于 1982 年在美国普林斯顿开始初步运营。2006 年，欧盟、美国、中国、日本、韩国、俄罗斯和印度 7 方代表签署合作协议共同建设位于法国卡达拉舍的国际热核聚变实验反应堆（ITER）并于 2007 年开工，但截至 2021 年 7 月仍未完工，预计花费也从 50 亿欧元飙升至 200 亿欧元。我国则在 2003 年开始在安徽建设被称为"人造太阳"的先进实验超导托卡马克核聚变实验装置（EAST）。

然而，目前各国都没能解决核聚变的三大难题：一是聚变反应产生的能量少于创造超高温超高压条件消耗的能量。现实中的氢弹等氢元素族群的核聚变需要通过核裂变反应提供足够的温度和压力，而电影《流浪地球》中的重元素聚变更需要氢元素核聚变来做"火石"，即等于更大聚变的"引子"。目前，引发核聚变花费的能量远远多于聚变产生的能量，只有被"点燃"物质有着"持续性的燃烧时间"，可控核聚变在能源中的应用才有经济和技术上的可能。二是可控核聚变持续时间不足。只有高温等离子体维持相对足够长的时间，以充分发生聚变反应释放能量。2021年5月28日，我国建设的可控聚变装置在第16轮装置物理实验实现了可重复的1.2亿度101秒等离子体运行和1.6亿度20秒等离子体运行，均创下世界纪录，但其与稳定能源利用仍然相距甚远。三是控制核聚变仍然是技术难题。目前以氢弹为代表的无控核聚变是瞬间释放所有能量，而控制核聚变的技术难度远高于无控核聚变，对于设备稳定性、持续超高温的要求巨大。

即便如此，面对核聚变商业化利用的巨大诱惑，主要大国普遍重视相关开发和投入，将其视作科技竞争的重点领域。2021年9月，美众议院通过了一项法案，在未来十年向聚变能源相关项目和研究投入28亿美元，英国核聚变研究机构卡勒姆科学中心CEO查普曼教授称，如果英国不加大投入则将在核聚变领域落后于其他国家。

除了核聚变外，人类探寻未来能源的另一个努力方向是向反物质要能量。在《星际迷航》等电影中，人们曾畅想能够满足超光速星际旅行的"曲速引擎"。现有地球能源与"曲速引擎"需要的能量相比不过沧海一粟，核动力在其面前仿佛蒸汽机一般低效，而驱动"曲速引擎"的正是被称作"反物质"的黑科技。

人类对"反物质"的研究已近百年。1928年，英国物理学家狄拉克提出，每一种通常的物质粒子，都存在着一种与其对应的质量相同、电荷相反的反粒子，反粒子可结合起来形成反物质，物质与反物质碰撞将形成两者相互抵消并释放巨大能量的"湮灭"效应，1克反物质湮灭所产生的能量约为2万—3万吨TNT当量。

1932年，美国物理学家爱迪森发现了第一种反粒子。1955年，美国劳伦斯伯克利国家实验室使用一台粒子加速器产生出反质子。同年，位于瑞士日内瓦附近的欧洲粒子物理实验室的科学家，通过粒子加速器产生了正电子和反质子，进而生成了反氢原子。由于反物质对基础物理的重大意义以及探索未来能源的需要，美国、欧洲、中国纷纷建造大型粒子加速器来发现或尝试人为创造反物质。

反物质作为能源的潜力也因"湮灭"效应产生的巨大能量而被人们寄予厚望。反物质之所以不能作为能源，主要障碍仍是获得反物质的技术要求和成本过高。目前，人为制造反物质的方式，是由加速粒子打击固定靶产生反粒子，再减速合成，包括美国和欧洲在内的粒子加速实验室所生产的反物质仅仅有数十毫微克（1毫微克 =10^{-9}克），其湮灭能量甚至不足加热一杯茶水。据估算生产1克反物质，将耗费2500万亿千瓦时的能量和超过65万亿美元的成本，意味着人类希望通过反物质获得一颗原子弹的能源，将付出比人类历史上所有能源投资还要多的花费。此外，反物质的储存也需要极其严格的物理条件，同时如何人为控制反物质的"湮灭"反应也需要科学家的研究和探索。因此，目前人类制造的反物质并不能成为可被实际应用的能源来源。

然而，正如其他尖端科技发展进程一样，发现一种能源的潜力与能源能够得到大规模、经济性的运用之间必然要经过漫长过程。蒸汽顶开烧水壶盖的力量微不足道，却点亮了人类探索蒸汽动力的想法；1679年法国物理学家丹尼斯·帕潘观察蒸汽现象制造了第一台蒸汽机，而1776年瓦特才制造出适用于生产活动的蒸汽机，蒸汽得以在生产生活中实际运用的探索经历了近百年时间。因此，我们不能因为当前核聚变和反物质无法大规模实际运用而将其视为天方夜谭，而只有朝着应用的潜力不断研究和实践才能圆梦。

参 考 文 献

1 ［加］瓦茨拉夫·斯米尔著，北京国电通网络技术有限公司译：《能源神话与现实》，机械工业出版社 2016 年版。

2 ［美］瓦伦·西瓦拉姆著，孟杨译：《驯服太阳：太阳能领域正在爆发的新能源革命》，机械工业出版社 2020 年版。

3 IRENA, Renewable Capacity Statistics 2021, April 2021.

4 ［美］杰里米·里夫金著，龚莺译：《氢经济》，海南出版社 2003 年版。

5 ［美］罗伯特·海夫纳三世著，马圆春、李博抒译：《能源大转型》，中信出版社 2013 年版。

6 IEA, The Future of Hydrogen: Seizing today's opportunities, June 2019.

7 ［英］特雷佛·M. 莱彻著，潘庭龙、吴定会、纪志成等译：《新能源手册（原书第 2 版）》，机械工业出版社 2018 年版。

8 邓彤主编：《新能源与第四次产业革命》，中国经济出版社 2019 年版。

9 REN21, RENEWABLES 2021GLOBAL STATUS REPORT, 2021.

10 ［加］瓦茨拉夫·斯米尔著，吴攀译：《人人都该懂的能源新趋势》，浙江教育出版社 2021 年版。

11 ［德］克劳斯·施瓦布、［澳］尼古拉斯·戴维斯著，世界经济论坛北京代表处译：《第四次工业革命：行动路线图：打造创新型社会》，中信出版集团 2019 年版。

12 陈富强：《能源工业革命：全球能源互联网简史》，浙江大学出版社 2018 年版。

资源能源与国家安全

7

第七章

新兴资源：事关国家安全的基础性战略资源

第七章

　　"这世上有已知之物，也有未知之物。介于二者之间的，是通向人类知觉的大门。"英国作家阿尔多斯·赫胥黎在 20 世纪 50 年代写下的这句话，仍是当今时代的恰当写照。从远古农耕社会到信息时代，全球经济、科技、社会发展已发生翻天覆地的变化，随着以人工智能、量子信息技术、基因技术、虚拟现实等为突破口的第四次工业革命来临，资源的内涵外延也随之发生巨变。如今，许多重要资源，特别是事关国家安全的基础性战略资源，可能是看不见摸不到的，可能存在于地球之外，也可能就是我们自己。现在，让我们打开那扇知觉之门，看看那些蕴藏着人类未来更多可能的新兴资源。

数据：21世纪的石油和钻石矿

数据 "Data" 一词来源于拉丁语 "Datum"，含义为 "给定的事物"（thing given）。传统上，凡是记录事物的符号都能被称作数据，如各种文字、图形、书籍等。计算机及其存储设备发明以来，人类开始以二进制数位（bit）的形式记录事物，网络空间存储和处理的各类记录都成为数据。有学者在《大数据背景下专业建设人才培养机制与评价研究》一书中提出，信息化的本质就是生产数据的过程。

随着信息化飞速发展，数据集结到一定规模，便成为了数据资源。数据资源种类多样。各国开展地球勘探、太空探测、深海探测等活动形成自然数据资源，通过 DNA 测序等方式形成生命数据资源，在国家和社会运转过程中也形成大量有关社会发展和人类行为的数据，形成经济社会资源。当前，全球正进入数字经济时代，过去十年堪称是数据爆炸的十年。2010 年全球数据量仅约为 1ZB，2020 年则达到 40ZB。ZB 即泽字节，1ZB 相当于 1 万亿 GB。据国际数据公司（IDC）预测，2025 年，全球数据量将达到 175ZB。其中，中国数据圈增速最为迅猛，到 2025 年将成为全球最大的数据圈。

数据作为一种特殊资源，具备一些独特的性质。数据是无形的，不像其他资源那样看得见、摸得着。数据本身是开放的、非竞争性的，不会耗尽，可反复使用。当然，一些主体可以通过技术或法律手段对数据访问和使用做出限制，从而导致不同程度的排他性。此外，数据还具有不断增值的效应，大规模数据产生的总价值往往大于单个数据价值的总和，原始数据还可能具有"期权"价值。可以说，数据不仅是一种普通的生产资料，更是一种稀有资产和重要战略资源，深刻地改变着人类社会的生产和生活方式。作为一种新兴、特殊、重要的资源，数据与国家安全之间的关系也日益受到关注。

首先，数据已成为数字经济时代最核心、最具价值的生产要素。在"人人有终端、物物可传感、处处可上网、时时在连接"的大势下，数据规模井喷，流动日益频繁，大数据已成为数字经济时代的燃料和助推剂。人工智能、云计算、区块链、产业互联网等新技术、新模式、新应用无一不是以海量数据为基础。年度账单、运动轨迹等互联网应用平台对用户使用情况的"个人总结"成了人们津津乐道的话题。"健康宝""行程码"等疫情防控中的应用，更使人们切实感受到大数据的"超能力"。未来，大数据的挖掘和利用不仅将成为新的经济增长点，还将推动新一代信息技术与各行业深度耦合、交叉创新，对整个经济社会发展和人们的思维观念带来革命性影响，同时为各国发展提供战略机遇。正如牛津大学教授维克托·迈尔·舍恩伯格在其著作《大数据时代》中所说："大数据是人们获得新的认知、创造新的价值的源泉，还是改变市场、组织机构，以及政府与公民关系的方法。"从某种意义上说，谁能下好大数据这个先手棋，谁就有可能成为全球创新价值链的主导者，在未来的竞争中占据优势。联合国贸发会议发布的《2021 数字经济报告》中指出，数据已成为创造私人价值和社会价值的重要战略资产。如何处理这些数据将极大影响我们实现可持续发展目标的能力。从参与数据驱动的数字经济并从中受益的能力来看，中国和美国脱颖而出。目前，全世界的超大规模数据中心有一半在这两个国家，两国的 5G 普及率最高，占过去 5 年人工智能初创企业融资总额的 94%，占世界顶尖人工智能研究人员的 70%，占全球最大数字平台市值的近 90%。

其次，对数据的争夺已成为大国博弈新焦点。当前，世界各国对数据的依赖迅速上升，国家间竞争的焦点已从资本、土地、人口等传统要素日益转向对大数据的争夺。未来一国拥有数据的规模、质量和运用数据的能力将成为国家竞争力的重要体现。近年来，全球科技强国和重要地区纷纷将数据视为重要的国家战略资源，密集出台数据战略，维护数据主权，改善数据治理，抢占数据优势。美国早在 2012 年 3 月就发布《大数据研发计划》，认为数据事关美国的国家安全和未来竞争力。2019 年 12 月，美国发布《联邦数据战略及 2020 年行动计划》，明确提出"将数据作为战略资产进行开发利用"。美国国防部 2020 年 10 月发布的《国防部数据战略》亦将数据视为重要战略资源，致力于将国防部建设成以数据为中心的组织，利用数据推动联合全域作战。欧盟于 2020 年 2 月发布《欧洲数据战略》，一面大力推动数据在境内的自由流动和共享应用，一面致力于将欧盟打造为全球最具竞争力的"数据敏捷型经济体"。英国、日本等发达经济体也都纷纷发布自己的数据战略，进一步释放数据在经济领域的价值，力争成为创新浪潮的先行者。中国在《"十四五"规划和 2035 年远景目标》中 50 余次提及"数据"，涉及数字经济、科技创新、新型基础设施、政府管理、安全保护等多方面，着力建设数字中国。

最后，数据安全问题带来严峻威胁与挑战。数据安全涉及个人、企业和国家的复杂关系，敏感度极高。近年来，有关数据泄露、窃听、滥用等安全事件屡见不鲜，民众频频遭遇滥用人脸识别、大数据杀熟、APP 授权霸王条款等不公正待遇。北大互联网发展研究中心发布的《中国公众"大安全"感知报告》显示，近七成公众表示"担心账号和个人信息泄露"，六成公众认为个人信息在数字环境中有被泄露的风险，七成公众感到算法能获取自己的喜好、兴趣从而"算计"自己，五成公众表示"担心下载的

APP 不安全"。

除了个人层面的安全问题，大型跨国科技企业掌握大量用户隐私数据，且业务与关键信息基础设施密切相关，不可避免涉及数据出境问题，从而威胁国家安全，即使在美国与欧盟这样的亲密伙伴之间也难掩分歧。欧盟向来将数据保护权利视为公民的基本权利，其《通用数据保护条例》（GDPR）是全球对个人数据保护最严格的立法，明确规定只有在满足规定条件的情况下，数据控制者才能将个人数据转移至欧盟以外的第三国或国际组织。亚马逊、微软、谷歌等美国科技企业的云服务蓬勃发展，在欧洲占据约 2/3 的市场份额，而欧洲最大的云服务提供商德国电信仅占 2%。2018 年，美国正式通过《澄清境外数据合法使用法案》，又称《云法案》（CLOUD Act），使美国政府有权索取美国公司保管的境外数据，加剧了欧盟对数据安全的担忧。随后法、德两国共同提出"欧洲云"倡议，2020 年 6 月正式宣布将大力支持建立名为"盖亚—X"（Gaia-X）的云计算系统，旨在建立存储和处理数据的欧洲共同标准，使欧洲企业得以将数据存储在本地，减少对外国数字基础设施的依赖。欧洲法院出于对欧盟公民数据隐私安全的考虑，于 2020 年 7 月宣布欧美之间的数据保护协议"隐私盾"无效。中国也极为重视数据安全，2020 年 9 月提出《全球数据安全倡议》，为全球数字治理规则制定贡献了中国方案。2021 年 9 月，《数据安全法》正式施行，这是我国首部数据安全领域的基础性立法，将指导全社会进一步筑牢数据安全屏障。

频轨：空前激烈的争夺战

空间轨道和频段作为能够满足通信卫星正常运行的先决条件，已成为国家和企业争相抢占的重点资源。卫星轨道位于世界各国共处的宇宙空间，是一种有限的、不可再生的自然资源。频率资源虽在理论上是无限的，但由于技术水平限制，人类当前能够运用的频率极为有限，因此也成为一种稀缺资源。国际电信联盟作为联合国专门机构之一，负责规划、管理和监督频率轨道资源。在西方主要发达国家和航天强国的推动下，频率轨道资源的主要分配原则是"先登先占"。各国根据自身需要，依照国际规则向国际电联申报需要的频率轨道资源，先申报国家具有优先使用权，后申报国家需保障不对先申报国家的卫星产生有害干扰。美国、俄罗斯等航天强国从 20 世纪五六十年代就已申报并获取大量频率轨道资源。据美国国家航空航天局下属的约翰逊航天中心消息，地球轨道上目前共有 7070 颗卫星（包括在轨运行卫星与停运卫星），其中 3395 颗属于美国，1553 颗属于俄罗斯和原苏联国家。

早先的轨道资源争夺聚焦在地球同步轨道，特别是地球静止轨道。地球同步轨道高度为 35786 千米，卫星的运行周期和地球自转周期相同，具有卫星覆盖地球范围广、相对地面静止等特点，是最早和应用最广泛的轨道。目前，地球同步轨道卫星有560 颗，相对于 360° 的范围，在该轨道上接近 0.5° 定位 1 颗卫星的密度，基本上达到极限容量，轨位资源已基本被分配殆尽。如果地球同步轨道的倾角为零，则卫星正好在地球赤道上空，以与地球自转相同的角速度绕地球飞行，从地面上看，卫星好像是固定在天上的某一点，这种卫星轨道便是地球静止轨道。地球静止轨道只有一条，是最特殊的地球同步轨道，其轨位资源十分宝贵。数十年来，各国为建立自己独立的卫星通信系统，竞相抢占轨位，导致有限的地球静止轨道上挤满了通信卫星，特别是在欧洲、印度洋和美洲的 3 个静止轨道弧段内，轨道不足的矛盾日益尖锐。甚至有一些公司做起了静止轨道的生意，它们不研制也不发射卫星，却早早向国际电联提出申请，预订多个轨位，随后在国际市场上出售获利，这就是一度引起舆论哗然的"纸面卫星"。后来国际电联出台更严格管理措施，才逐渐抑制了这种乱象。

近年，随着低轨互联网星座概念兴起，国际上对轨道资源的争夺日益转向低轨卫星。2015 年，美国太空探索计划公司（SpaceX）推出一项名为"星链"（Starlink）的"卫星星座"工程，致力于打造一个低成本、高覆盖的天基全球通信系统。2019

年 5 月，SpaceX 将首批 60 颗"星链"卫星送入太空，并计划在短短数年间在太空搭建起由 1.2 万颗卫星组成的"星链"网络，截至目前已累计发射近 2000 颗。2020 年 5 月 SpaceX 向美国联邦通信委员会提出最新的卫星数量规模达到 4.2 万颗。低轨通信卫星主要部署在距离地表 300—1200 千米的太空。"星链"计划的轨道区间为 340—1325 千米。目前，全球在轨运行的低轨卫星中，"星链"已占据半壁江山。如果 4 万多颗卫星全部部署完成，低轨区域将几乎被"星链"卫星挤满。欧洲航天局局长约瑟夫·阿施巴赫发出警告称，马斯克的"星链"太大了，他正在自己制定太空规则。

低轨卫星具有成本低、损耗小、时延小、带宽高等优势，与地面 5G 通信相比覆盖更广。早在 20 世纪 80 年代，美国摩托罗拉公司就曾设计"铱星"（Iridium）卫星通信系统，虽然遭遇失败，但人们并未放弃探索发展低轨卫星。近年，不仅马斯克的"星链"成为众人瞩目的风口，美国亚马逊公司、英国一网公司、俄罗斯航天国家集团公司、加拿大电信卫星公司等都加入了这场争夺战。低轨星座系统虽都以商业公司的名义对外发布，但其背后均体现着国家安全和利益。相关研究报告显示，地球近地轨道可容纳约 6 万颗卫星，目前全球正处于人造卫星密集发射前夕。到 2029 年，地球近地轨道将部署总计约 5.7 万颗低轨卫星，轨位可用空间将所剩无几。

　　随着各类卫星应用领域不断拓宽，世界各国对卫星无线电频率资源争夺越发激烈。21 世纪初，最适合卫星导航的黄金频段已几乎被美国和俄罗斯全部占用。中国与欧盟同时希望建设卫星导航系统，因此推动国际电信联盟从当时的航空导航频段中，最大限度地挤出一小段频率，供卫星导航共同使用。这一小段频率，只有黄金频段的 1/4，却是建设一个全球卫星导航系统最基本的频率需求，且各国均可平等申请。2000 年，中国北斗系统和欧盟伽利略系统同时申报成功。按照国际电联规则，必须在 7 年有效期完成卫星发射入轨和信号接收，先用先得，逾期作废。面对这场与时间的赛跑，2007 年 4 月 14 日，搭载了"中国钟"的北斗二号系统首颗卫星发射升空，并于 4 月 17 日晚 8 时传回了第一组清晰的信号。此时，距离国际电信联盟规定的频率启用最后时限已不足 4 个小时。中国北斗几乎是在机会之门即将彻底关闭之际，挤进了全球卫星导航系统的俱乐部。国际电信联盟《无线电规则》对频率使用进行了细分规定，当前不仅传统的黄金频段已基本被瓜分殆尽，低轨卫星主要采用的 Ku 及 Ka 通信频段资源也逐渐趋于饱和状态。

有学者指出，作为全球公地一部分的太空，也越来越显示出"公地悲剧"的特征，表现为太空越来越"拥挤"（congested），越来越具"竞争性"（competitive）和"对抗性"（contested），这就是所谓的太空安全的"3Cs"困境。这种困境的根源就是频率轨道资源的有限性和稀缺性。未来，航天强国之间的争夺将会更加白热化，而那些没有技术支撑的中小国家，则不得不陷入望天兴叹、受制于人的困窘局面。

物种：留住希望的"诺亚方舟"

在北冰洋上的挪威属地斯瓦尔巴群岛，坐落着一个全球种子库，储存着来自世界各地 5000 多种植物的 100 多万份种子样本。它们是世界各地基因库内种子的备份，为各个国家和地区的种子储备提供安全保障，被誉为"世界上最重要的储藏室""末日粮仓""植物诺亚方舟"。2011 年叙利亚战争之后，阿勒颇持续战乱，当地种子库勉强维持冷藏等部分功能，但难以继续培育并对外提供种子，不得不向斯瓦尔巴种子库求助。最终，斯瓦尔巴种子库提取了 130 箱种子，共计 11.6 万个样本，帮助叙利亚保护、维系了重要的种质资源，其中包括很多粮食和经济作物。

物种对人类生存和国家安全具有独特的意义。每个物种在地球生态系统中都有着特定位置和功能，是维系地球生命系统运转的基本要素，也可能蕴藏着能够改善人类福祉的宝贵资源。物种的种群变化趋势也非常重要，是衡量生态系统整体健康水平的标志。但是，尽管人类世世代代在地球上生存繁衍，我们对同样生活在地球上的这些"邻居们"却非常缺乏了解，甚至对地球上究竟有多少生物物种都难以说出一个确切数字。此前，科学家对地球生物物种的估算是介于 300 万到 1000 万之间。2011 年，联合国环境规划署发布的一份研究结果指出，地球上共生存着 870 万种（正负误差 130 万种）生物物种，包括 650 万种陆地生物和 220 万种海洋生物。这一数字是目前可以提供的最为精准的数字。隶属于环境署的世界保护监测中心认为，86% 的陆地生物物种和 91% 的海洋生物物种目前都还没有被发现、描述或者归类。

对已知的生物物种，人类也欠缺敬畏和平等对待之心，一

度为了追求经济高速增长，对资源和环境疯狂索取，带来生态破坏、过度开发、盲目引种、环境污染、非法贸易等一系列灾难，动植物的生存受到严重威胁，物种资源面临前所未有的挑战。世界上每小时就有一个物种消失，消失的物种不仅永不再生，还会通过食物链引起其他物种的消失。2019 年 5 月，来自 50 个国家的 145 名专家在一份评估生物多样性的报告中警告称，可能有 100 万个物种在今后数十年内灭绝。不少学者甚至认为，我们可能正在亲眼目睹"第六次生物大灭绝"。世界自然基金会（WWF）发布的《地球生命力报告 2020》指出，1970—2016 年，监测到的哺乳类、鸟类、两栖类、爬行类和鱼类种群规模平均下降了 68%，约 22% 的植物有灭绝风险。2020 年 1 月，《生物多样性公约》秘书处代理执行秘书伊丽莎白·穆雷玛表示，全球所面临的生物多样性恶化情况比 10 年前更为糟糕，现在地球上已有的物种走向灭亡的速度正在加快，1000 种濒危物种正面临"最后的灭绝"。这种状况可能对人类自身福祉造成严重影响，恶化粮食的长期安全，增加疾病暴发的风险，加剧气候变化，严重阻碍可持续发展目标的实现。还有学者指出，人类目前面临的环境恶化、食品不足、能源短缺等诸多挑战，除了寄望于提高已被利用生物资源的效率外，还有赖于在尚未被利用的物种中寻找新的可用资源。如今的局面却是很多物种还没来得及被人类认识、研究便消失了。

物种作为一类不可再生的重要生物资源，其战略价值已日益凸显。近年，随着科学水平的提高和发展观念的转变，全球各个层面都投入了大量财力人力进行物种的保护和研究。

国家层面。各国都根据本国实际国情采取了保护物种资源的战略和行动。中国是世界上物种最丰富的国家之一。《中国生物多样性保护战略与行动计划（2011—2030年）》指出："中国拥有高等植物34984种，居世界第三位；脊椎动物6445种，占世界总种数的13.7%；已查明真菌种类1万多种，占世界总种数的14%。我国生物遗传资源丰富，是水稻、大豆等重要农作物的起源地，也是野生和栽培果树的主要起源中心。"过去，由于人口的持续增长及对资源的不合理利用，中国生物资源遭到不同程度的破坏，部分生态系统功能不断退化，一些物种数量减少乃至消失。随着发展观念的转变，国家对物种保护的重视程度日益提高，采取了一系列有效措施，如划定生态保护红线，建设保护区，全面禁止野生动物非法捕猎、交易、运输和消费等。经过不懈努力，已有超过90%的陆地自然生态系统类型、90%的国家重点保护野生动植物种类得到了系统保护，大熊猫等珍稀濒危的动植物种群得到恢复，一些消失多年的物种又重新出现。

欧盟全面实施《栖息地指令》《鸟类指令》，在成员国中建立了一个由2.6万个保护区组成的庞大网络，被称为"Nature 2000"，覆盖面积超过75万平方千米，占欧盟陆地面积的18%。

2020 年 5 月，欧盟委员会通过一项新的生物多样性战略，旨在从多方面入手解决物种丧失问题。美国于 1872 年建立黄石国家公园，是全球第一个创建自然保护区的国家，这一做法在当时看起来很激进，但如今已成为各国对自然保护采取的最有效、最灵活的措施。其他主要国家也都纷纷出台保护物种资源的相关战略和举措。

国际层面。早在 20 世纪 70 年代，国际社会就已意识到物种资源对人类社会发展的重要意义，并着手开展物种资源保护，相继达成《濒危野生动植物物种国际贸易公约》《保护野生动物迁徙物种公约》等专门条约。1992 年，联合国推动国际社会达成《生物多样性公约》（以下简称《公约》），保护物种资源的国际行动如火如荼地展开。但是，《公约》分别在第 6 次、第 10 次缔约方大会上推出的 2002—2010 年、2011—2020 年行动目标均未能完全实现，物种丧失的速度仍未减缓。2021 年 10 月，中国昆明举办《公约》第 15 次缔约方大会，谋划未来十年全球生物多样性治理蓝图，对物种资源的保护上升至前所未有的战略高度。

科学层面。来自各国的科学家正在努力探寻生命起源、进化的进程，明晰各种物种之间的演化和亲缘关系、生存方式。这些努力有助于科学家提高作物和牲畜产量、追踪传染病的起源和传播、发现新药等。2015 年，来自美国密歇根大学、杜克大学等的研究人员联合发布了首个涵盖动物、植物、真菌、微生物共约

230万个已命名物种的"生命之树"草图。近年中国科学家也与国际伙伴通力合作，开展了世界范围内被子植物科级水平的全面取样，构建起了被子植物科级水平最为完整的"生命之树"，为未来被子植物的进化研究提供了坚实的基础。

"以自然之道，养万物之生。"从人道角度讲，世间奇妙的万千生物本就与我们是平等的，人类无权为了私利剥夺它们生存的权利。从战略角度讲，大自然给人类带来丰厚馈赠，人类自己也是整个生物圈中的一环，保护其他物种就是保护我们自己。未来，一个有韧性的、可持续的、将自然置于经济社会核心位置的国家才能够占据发展先机，引领全球治理。

基因：我们的遗传资源还安全吗？

随着科技发展，听起来高大上的基因检测离我们的生活越来越近。一些商业公司表示只需提供少许唾液样本或用棉签蘸取一点口腔内的细胞样本，就能测试出祖源、祖先分布、种族构成比例、患各类遗传性疾病的概率，甚至有公司炒作通过一口唾液就能测出儿童的天赋、为成年人提供个性化减肥建议等。商业基因检测一度风靡市场，但也日益引发了人们对遗传资源安全的担忧。除了商业基因检测，还有产前无创基因检测、肿瘤基因检测等临床检测，都不可避免地涉及到人类遗传资源的获取。那么，我们提供的样本和检测出的遗传信息究竟是否得到了科学规范的使用？

人类基因是一种极具战略意义的生物资源、遗传资源、新兴资源。我国《生物安全法》第 85 条写明："人类遗传资源，包括人类遗传资源材料和人类遗传资源信息。人类遗传资源材料是指含有人体基因组、基因等遗传物质的器官、组织、细胞等遗传材料。人类遗传资源信息是指利用人类遗传资源材料产生的数据等信息资料。"人类遗传资源作为一种生物资源具有特殊性。每个人的遗传资源材料来自个体，属于私人物品，但是，其蕴含的遗传资源信息是与有血缘关系的亲属或同一地区具有相同遗传表型且利害相关的人共有，且能用于生命科学研究、疾病防控策略开发等公共目的，因此又属于准公共资源，是公众健康和生命安全的战略性、公益性、基础性资源。

随着医学进步，人们发现很多疾病是由遗传物质发生改变或是由致病基因控制的，即俗称的遗传病。除了 21 三体综合征、地中海贫血、白化病、唇腭裂这类遗传病外，高血压、糖尿病、抑郁症等现代人热议的疾病也与遗传因素密切相关。遗传病在不同地区、不同人群中呈现不同的易感性。联合国曾报道指出，白化病患者自出生时便会表现出基因遗传差异，在北美洲和欧洲的发病率约为两万分之一，但津巴布韦部分人口和南部非洲其他特定种族的患病率高达千分之一。因此，生物科学家和医学工作者们致力于收集、整理、筛选、分析和验证相关人类遗传资源，发展更为有效、有针对性的健康管理和疾病防控措施，守护公众健康。此外，药物和疫苗在不同人群中也呈现不同的效果，某些药物和疫苗可能只对特定遗传背景的病人见效。例如，日本科研人员在进行肺癌靶向药物克唑替尼的临床实验时，发现仅对一位受试者有效，他们逐个分析靶点，最终发现该靶向药的目标人群是具有某种特定基因遗传背景的阳性晚期非小细胞肺癌患者。因此，药品和疫苗在上市前，必须经过严谨的临床实验和审核许可，准确的基因检测已成为开展精准医疗的先决条件。

我国是多民族的人口大国，具有独特的人类遗传资源优势。其中一些特殊人群比如长期生活在海岛、高原等特殊自然环境且具有特定生理体质的隔离群体，以及具有遗传性特殊体质或生理特征的患病家系等遗传资源对科学研究具有独特价值。因此，我国发展生命科学和相关产业拥有得天独厚的条件。早在 20 世纪末，著名遗传学家谈家桢先生便呼吁要保护我国的基因资源，成功推动了中国基因组研究的发展、南北两个基因组研究中心的成立，以及 1998 年《人类遗传资源管理暂行办法》的颁布实施。但是，随着形势发展，我国人类遗传资源管理出现了一些新情况、新问题。人类遗传资源的利用不够规范、缺乏统筹，相关国际合作制度和监管措施不够完善，一些国家或组织觊觎我国丰

富的人类遗传资源，导致人类遗传资源不断发生非法外流。2018年10月24日，科技部发布6条最新处罚信息，涉及的6家单位或是在未经许可的情况下将部分人类遗传资源信息从网上传递出境，或是将数千份人血清作为犬血浆违规出境，或是违规转运接收已获批项目的剩余样本。此为科技部首度公开涉及人类遗传资源的行政处罚。

为加强人类遗传资源的有效保护和合理利用，我国在总结暂行办法施行经验的基础上制定了《人类遗传资源管理条例》，于2019年7月1日起正式实施。2021年4月15日正式实施的《生物安全法》第六章设置专章对人类遗传资源与生物资源安全进行了规定，明确国家对我国人类遗传资源和生物资源享有主权，"境外组织、个人及其设立或者实际控制的机构不得在我国境内采集、保藏我国人类遗传资源，不得向境外提供我国人类遗传资源"，相关国际合作必须向主管部门事先报告并取得批准。为配合《生物安全法》实施，《刑法修正案（十一）》第三百三十四条中增加了"非法采集人类遗传资源、走私人类遗传资源材料罪"。针对人类遗传资源管理的法律法规和配套政策不断完善。

人类遗传资源除了面临非法利用和剽窃等风险，另一个近年来备受关注的议题是基因编辑。2018 年的"基因编辑婴儿事件"震撼强度之大至今余波未平。基因编辑技术在疾病诊断和治疗上的应用前景广阔，但不规范、缺乏监管的基因编辑也会带来前所未有的风险。世卫组织指出，生殖细胞和遗传性基因编辑将改变人类胚胎的基因组，并可能将这些改变遗传给后代，改变后代的基因特征。基因编辑技术在可能治疗人类多种疾病的同时，其脱靶效应（指未能达到预先设定的目标，有所偏移的现象）也会暴露更多风险，例如导致其他意想不到的疾病。科学界已达成共识，需要更加谨慎对待基因编辑。2021 年 7 月 12 日，世界卫生组织发布《人类基因组编辑管治框架》和《人类基因组编辑建议》两份报告，首次提出了将人类基因组编辑作为公共卫生工具的全球建议，重点强调安全、有效、合乎道德。

生命科学时代，各国对人类遗传资源中基因信息的激烈抢占已成为又一轮如火如荼的"圈地运动"。人类遗传资源的开发利用及管理水平，将成为决定未来各国生命科技与产业竞争成败的重要因素。丰富多样的人类遗传资源，也将成为我国屹立于世界强国之林的又一坚实基础。

参 考 文 献

1 曹诗雨、武志昂:《我国临床试验中人类遗传资源政府规制研究》,《中国药事》2019 年第 2 期。

2 段子渊等:《保存国家战略生物资源的科学思考与举措》,《中国科学院院刊》2007 年第 4 期。

3 韩一元:《保护生物多样性的国际行动》,《世界知识》2021 年第 19 期。

4 何奇松:《太空安全治理的现状、问题与出路》,《国际展望》2014 年第 6 期。

5 季贤:《大数据背景下专业建设人才培养机制与评价研究》,天津科学技术出版社 2017 年版。

6 姜韶东:《人类遗传资源是无价之宝》,《光明日报》2019 年 8 月 22 日。

7 兰峰、彭召奇:《卫星频率轨位资源全球竞争态势与对策思考》,《天地一体化信息网络》2021 年第 2 期。

8 刘耀华:《欧美失去"隐私盾"后》,《环球》2020 年第 17 期。

9 余南平、严佳杰:《国际和国家安全视角下的美国"星链"计划及其影响》,《国际安全研究》2021 年第 5 期。

10 张娟等:《科技强国最新数据战略及其实施态势分析》,《世界科技研究与发展》2021 年第 3 期。

11 《2021 年数字经济报告(数据跨境流动和发展:数据为谁而流动?)》,联合国贸易和发展会议,2021 年 9 月。

12 《地球生命力报告 2020:扭转生物多样性丧失的曲线》,世界自然基金会,2020 年 9 月。

13 《"新基建"之中国卫星互联网产业发展研究白皮书》,赛迪顾问物联网产业研究中心,2020 年 5 月。

14 Data Age 2025: The Digitization of the World, From Edge to Core, Nov. 2018, International Data Corporation(IDC).

15 Viktor Mayer-Schönberger, Big Data: A revolution that will transform how

we live, work, and think, Boston: Houghton Mifflin Harcourt Publishing Company, 2013.

16　《"末日种子库"：存86万种样本 取种子如取钱方便》，新华网，http://www. xinhuanet.com/world/2015-09/27/

c_128272509.htm。

17　《中国北斗 服务全球——写在我国完成北斗全球卫星导航系统星座部署之际》，新华网，http://www. xinhuanet.com/politics/2020-06/23/ c_1126150066.htm。

第八章

资源安全新思路

古人很早就认识到掌控重要资源对于维护统治阶级利益的重要性。千百年来，古今中外围绕资源安全问题产生了很多具有时代特征的思想理论和实践，对于维护当时统治阶级的利益发挥了重要作用。随着政治经济科技不断进步，资源安全理论和实践也在不断演化。纵观历史，由科技、经济发展所孕育的资源能源革命，是推动资源安全理念不断发展的主要客观条件。而政治理念的不断演化，社会发展水平的不断提高，则是形塑资源安全理念不断发展的内在条件。两方面相互结合，决定了资源安全理念的未来。

从"盐铁论"到能源革命

西汉始元六年（公元前 81 年），权臣霍光以汉昭帝的名义，召集丞相车千秋、御史大夫桑弘羊和部分贤良文学士，围绕国家大政方针开会辩论。这场辩论从政府的盐铁酒专营制度切入，遍及政治经济文化民生等诸多问题，在中国政治思想发展史上发挥了承前启后的作用，史称"盐铁会议"。会议内容后由学者恒宽成书《盐铁论》，流传至今。这次会议之所以召开，除了当时霍光和桑弘羊之间的恩怨，另一个重要原因是盐铁专营制度引发民怨，导致严重的社会矛盾，而武帝连年征战导致国力亏空，也的确需要调整经济政策。这场辩论的结果是坚持管控政策的桑弘羊落败，汉昭帝在会议之后决定部分放松专营制度，以休养生息。那么，为何盐铁问题对当时的中国如此重要，统治者又为何对盐铁采取专营制度？

盐矿和铁矿是两种极为重要的资源，掌控盐铁就等于掌控了国家的命脉。《管子》记载，春秋首霸齐桓公曾与上卿管仲对论强国之道。管仲认为，齐乃"海王之国"，"唯官山海为可耳"，也就是将产盐的海滩、产铁的矿山纳入官营体制，实施制盐业和冶铁业的国家垄断性经营，实施食盐和铁器的国家专卖。齐桓公采纳了管仲的建议，国力迅速增长，为其成就霸业奠定了坚实基础。齐国的成功，让列国看到了加强资源管控的战略意义。无论是商鞅推动的秦国改革，还是汉武帝开疆拓土，"官山海""盐铁专营"政策都是一项基本国策，为对外开疆拓土、对内维护统治阶级利益立下汗马功劳。

秦汉之后的中国历代，具体政策实施有所反复，但加强资源管控都成为统治者所坚持的一项基本国策。唐代中期实行"榷盐法"，依靠盐业收入填补财政亏空。两宋是中国盐业发展的辉煌时期，朝廷设置转运司专管盐务，严格控制盐业流通，盐税占到政府财政收入大半。盐业管控制度在中国延续了超过 2000 年。直到 2017 年，国务院公布《盐业体制管理办法》放开食盐市场，这项古老的制度才算终结。

纵观世界，对重要资源施行管控或垄断，并不仅仅是中国一家所为，古代欧洲同样对盐等重要资源实施严苛管控。纵观历史，统治者对战略资源的管控和争夺，也随着科技进步、经济增长、社会发展而不断向前演化，盐、铁、山林、水脉、耕地、渔业等都曾经是统治者需要牢牢掌控在手中的重要战略资源。统治阶级争夺的资源种类也在不断发生变化，最明显的一条脉络就是从木材到煤炭，从石油到天然气，再到关键矿产资源的争夺。

这次我们把视线转向西方世界。大约从 15—16 世纪开始，欧洲经济开始加速发展，城市规模不断扩大，对作为主要能源、建筑材料和军备物料的木材的消耗也迅速增加。受自然限制，木材产出难以在短时间内迅速扩大。到17世纪工业革命前夕，欧洲诸国面临不同程度的木材供应短缺。这期间，英国劈柴的价格成倍上涨，部分地区木材甚至成为奢侈品，"一般老百姓都不敢举火"。1666年，伦敦遭遇大火，灾后重建所需木料几乎全部依赖进口。木材价格暴涨导致产业界普遍不满，普通百姓也深受其害。尤其是制造军舰所需的特殊木材，成为欧洲重要的战略资源。有英国历史学家指出，"木材短缺在17世纪已经达到了引起民族危机的程度。"

木材短缺和高涨的劳动力价格促使英国产业界寻找替代燃料、革新生产方式。也就在这时，改良蒸汽机出现了，既解决了生产中的人力不足问题，也解决了煤炭开采中的动力不足问题，英国的工业生产和煤炭生产都出现了高速增长，实现了从"有机经济"向"矿物能源经济"的升级。但欧洲的煤炭资源分布并不均匀，在大陆国家普遍应用煤炭后，欧洲曾多次爆发煤炭危机，煤炭资源的调配因此成为欧洲内部一项重要政治议题。德国鲁尔地区、萨尔地区，波兰西里西亚以及法国北部与比利时交界处是欧洲大陆主要煤矿产区，成为欧洲大国争夺的对象。二战后初期，波兰、乌克兰、罗马尼亚等东欧国家停止向西欧出口煤炭，加剧了西欧的能源危机。饱经炮火蹂躏的德国鲁尔矿区成为破解欧洲能源危机的关键，尽管各国担心德国再次崛起，但对煤炭的迫切需求促使各国特别是法国同意尽快恢复鲁尔煤矿生产。煤炭成为战后西德迅速复兴的重要原因。对鲁尔区的处理，最终也促成了欧洲煤钢共同体，欧洲开始走向联合。

19世纪晚期开始，内燃机的应用、开采技术的发展，推动石油工业进入到大规模商业开采阶段，石油逐步成为世界上最重要的战略资源。在两次世界大战以及战后初期，当时的主要力量围绕石油资源展开了激烈争夺。二战中，德国和日本缺少充足的石油供给，德国进攻苏联、日本开辟太平洋战场，都被认为与油料供应紧张有直接关系。战后，美国、苏联两大阵营及西方内部继续围绕世界石油资源展开直接争夺。美国在二战结束前就决定进入中东，一方面是争夺中东石油资源，另一方面是为顶住来自苏联的战略压力。美国此举引发了美英在中东的地盘争夺，英国极力抵抗，但无奈国力下滑，只能看着美国石油公司突破此前划定的势力范围大规模进入中东。后来英国又失去了重要的通道——苏伊士运河，标志着帝国的彻底衰落。

20世纪60年代，石油取代煤炭成为全球主要能源，石油需求进一步增加，全球对石油资源的争夺也更激烈。1973—1974年、1979—1980年全球接连出现两次重大石油危机，油价波动成牵动世界政治、经济发展的重要因素，石油政治和经济问题纠缠在一起。第一次石油危机期间国际油价从每桶1美元左右飙升至 12 美元左右，第二次石油危机期间从每桶 13 美元左右飙升至 34 美元左右，产油国定价话语权大幅提升。从 20 世纪 80 年代开始，西方国家通过建立期货市场，再次打破产油国定价模式，世界石油竞争性市场形成。随着世界金融市场发展，石油市场逐步成为金融市场的一部分，油价波动更为频繁。油价大起大落冲击世界经济稳定，美国经济曾因高油价陷入滞胀，西欧和日本经济也受到严重冲击。

当前，随着能源转型的加速推进，用于生产可再生能源的各类矿物资源又成为各方争夺的主要资源。众所周知，可再生能源发电、储能、输能、消费等各环节都需要大量电子设备，生产这些设备需要消耗大量的金属元素，而这些元素在地球上的分布相比石油更加不均衡，有着更加明显的地区差异，对这些资源的争夺从某种意义上来说类似于化石能源政治。目前，正出现这样一种趋势，即发达国家运用其市场优势重建垄断，将传统化石能源的地缘特点换一种方式带到可再生能源阶段，催生新型"能源地缘政治"。2011 年，美欧日三方开始举办"关键原材料三边会议"，在三方合作框架内定期交流有关信息，特别是探讨如何加强关键原材料安全供应。2019 年 6 月，美国宣布成立所谓"能源资源治理倡议"，拉拢生产关键矿物的国家加入。凡此种种，目的仍是争夺关键资源。

从资源争夺到资源合作

回顾历史，从中国古代的"盐铁论"到今天西方的"原材料联盟"，资源的种类变了，参与的主体变了，维护安全的手段也变了，但对资源的重视、对资源的占有却是不变的主题，核心都是要实现对重要战略资源的控制，将资源的价值发挥到最大化，将资源的影响链条延伸到最远处。并且，随着人口的增加，市场的扩大，对资源的需求也呈指数扩大。人类有没有可能跳脱资源纷争的束缚、实现真正意义上的资源合作呢？要解决这个问题，必须弄清今天全球资源争夺愈演愈烈的根本原因。

第一，自然、经济和政治三种需求叠加，放大了对资源能源的需求。资源能源都是战略意义很强的要素，统治者、利益集团在国内占有自然资源，国家、国家集团在国际上抢占自然资源，有着自然、经济和政治多方面需求。资源能源首先要供给生产生活所需，发挥自然属性，产生经济价值；其次，政府要建立一定的战略储备，通过投放储备或者吸收储备，来平抑市场价格，确保经济秩序；最后，还要以资源能源为杠杆，撬动其他利益，产生政治价值。这些需求叠加起来，放大了各方面对资源能源的实际需求。

两次石油危机后，经合组织国家建立了国际能源署（IEA），要求成员具备至少 90 天的石油净进口战略储备。其他能源消费国达不到这样高的储备水平，但也在积极完善储备机制。这种储备需求，放大了全球对石油的额外需求。除石油外，各国战略储备库的其他资源种类还在不断增加。2021 年欧洲出现能源市场危机，重要原因是能源转型期未能建立坚实的天然气储备体系。如果未来十年各国集中增加天然气储备，将显著增加全球天然气市场压力，极端情况下可能导致严重危机。可再生能源加速发展，增加了全球对铜、钴、锌、镍及稀土元素的需求，主要国家为应对可能出现的断供，也在加快建立相应储备。

第二，全球资源能源治理存在明显缺陷，资源争夺中充斥零和博弈和丛林法则。进入 20 世纪特别是第二次世界大战结束后，国际社会在很多领域形成了治理规则，建立了虽然不够公平、但是相对稳定的秩序，国际货币基金组织、世界银行、世界贸易组织、世界卫生组织、联合国开发计划署等都在各自领域发挥积极作用。而资源能源是全球治理中的一块短板，在频繁波动的资源价格面前，没有一个有力的多边组织能够建立广泛涵盖各方的机制，联手应对危机。

以石油为例，现在我们所看到的国际能源政治结构，是两次石油危机后形成的一种供需博弈局面，欧佩克及其伙伴国作为主要生产方，通过控制向石油市场的供给来影响价格，实现利益最大化，并防范市场冲击；经合组织作为主要消费国，通过能源金融工具、战略储备来影响国际油价，以及其他政治手段来影响欧佩克决策。这种模式随时可能在外力冲击下崩溃，造成能源危机。二十国集团曾被寄予厚望，后来的发展证明这条路也不可行。新冠肺炎疫情暴发后，国际能源市场来回大幅波动，给生产国和消费国都造成了严重冲击，因为缺少一个成熟的沟通机制，生产国和消费国之间的协调几乎完全失败，欧佩克及其伙伴国在美、欧的呼吁下无动于衷，坐看欧盟在能源危机中艰难度日，迫使美国采取释放战略储备的举措。

第三，资源争夺存在明显的外部性，不断给世界带来动乱与创伤。纵观人类历史，凡是涉及资源的争夺基本都很残酷，很少有和平解决的，为争夺人口、水源、耕地、草场、矿藏、渔场，爆发了无数惨烈的战争，直到今天资源问题仍是引发地区冲突的首要因素。当前，全球共有 276 条国际河流，涉及 145 个国家，影响到世界 40% 人口、60% 可利用淡水资源安全，非洲、中东、南亚、中亚是全球水资源潜在冲突最显著的地区。人们津津乐道于中东的石油，但这背后是严峻的水危机形势，过去半个多世纪以来中东国家围绕水资源发生了多次冲突，制约巴以和谈的一个重要因素就是水资源。近几年，土耳其、叙利亚、伊朗、伊拉克又围绕底格里斯河与幼发拉底河水源问题展开激烈争吵，在部分地方还爆发了冲突。此外，资源开发还容易带来严重的环境污染和腐败问题，且资源越是紧俏，这种外部性就越是明显。历史上，英国、法国等欧洲殖民者在它们的殖民地滥采滥伐，给后者造成了不可逆的自然损害。在很多能源生产国，腐败、寻租问题丛生，叠加严重的环境污染，对当地人民的生存造成严重威胁。

第四，自然资源数量总体有限，如果不进行转型改革，关于资源的争夺可能会更加激烈。石油、天然气、煤炭以及大量其他金属矿产均属于不可再生资源，总量有限；水、森林、草场、渔场如果在短期内过度开采，也会造成不可逆的损害。在现有经济结构下，人类还将高度依赖这些资源，并且需求还将长期增长。欧佩克预计，全球能源消费到 2035 年前将一直保持增长状态，预计 2035 年原油消费将达到 1.08 亿桶 / 日。随着全球人口的持续增加，对水资源的需求也将持续增加，特别是考虑到部分缺水地区恰好也是人口增长最快的地区，水资源匮乏问题将更加严重。

上面总结的这些特点，只是全球资源争夺的几个侧面，但已经充分说明这种纷争不可持续。综合历史经验，要改变资源争夺的局面，最好的办法或许仍是改变发展方式，也就是通过科技进步推动新的资源能源革命，改变人类开发和利用资源的方式，改变国际资源政治的基本结构。

比如，技术进步和制度设计有可能解除部分资源能源的自然约束，实现一定条件下的无限供应。盐、铁以及很多资源的利用史充分说明了，技术进步和制度设计完全可以变有限为相对无限，大幅提升这些资源的产能和流通配给效率，将原本有限、珍贵的食盐和铁器变成人人可得的一般商品。同时，技术变革也经常使得人类社会对资源的需求转轨，从一种资源转向另外一种。木材作为曾经的重要工业生产燃料，如今几乎已经完全退出主流工业生产领域，煤炭在很多国家退出了主导能源位置。随着技术的进一步发展，现在各国极力争夺的油气资源很可能转化为化工原料，可再生能源、氢能、核聚变成为主导能源。

再如，通过国际发展合作，缓解部分地区资源紧张局面，进而减少因为资源争夺而导致的冲突摩擦。水、粮食、能源等资源匮乏短缺，既是造成贫困的原因，本身也是贫困的结果。通过国际发展合作，可以为更多不发达地区提供清洁的净水设施，以解决人畜饮水问题。为不发达地区提供更加高产、用水量更低的粮食作物，发展产出更高的畜牧业，可以有效解决食品不足问题。这些问题缓解了，诸如非洲、南亚等地区的水源争夺即便不能彻底解决，也能得到一定程度的缓解。

从"中国威胁"到中国机遇

曾经有一段时间，西方将中国对全球资源的巨大需求抹黑成一种"威胁"，认为如果中国的人均资源消费达到发达国家水平，世界将不能承受中国之重。21世纪头20年的实际情况表明，这种担心是短视的。中国不仅没有对全球能源资源市场造成威胁，反而成为全球市场的稳定器。中国的长期稳定持续发展，有力支撑了全球资源能源行业长期稳定持续发展，中国市场规模的扩大，有力提升了世界资源能源的市场规模和生产流通效率，也加速了技术进步。特别是在新冠肺炎疫情暴发后，如果没有功能齐全、稳定增长的中国市场，整个全球产业链可能崩溃，世界经济可能出现空前萎缩，能源资源市场可能出现前所未有的下跌。中国资源能源市场的扩大，技术的进步，制度的完善，国际合作的深入，对世界有多重积极意义。

中国为全球资源体系稳定发展提供了一个规模足够大、运行足够稳、治理水平足够先进的大市场。提起资源能源问题，最先进入我们脑海的可能就是"能源危机"四个字。过去半个多世纪以来，能源危机之所以给人留下如此深刻的印象，不仅是因为危机爆发对经济系统产生巨大冲击，而且会直接影响人们的日常生活，也在于政府在危机前后的无力甚至是无能。按正常逻辑，美国能源消费占全球的四分之一，只要美国这个市场稳定了，全球能源市场理应稳定。实际情况是，美国的能源市场被高度金融化，政府调控能力十分有限。欧洲作为另一个能源消费重心，能源对外依赖严重，自身调节能力过低，使得它对冲危机的能力有限。中国作为新的能源消费重心加快崛起，对于稳定国际能源市场十分有利。中国经济体制和治理水平决定了，金融资本对能源市场的渗透有限，很难兴风作浪；中国的能源生产能力决定了，在应对供需波动时有足够的自我调节能力；中国的开放水平决定了，这种正面效应会持续产生积极外溢；中国的长期发展前景决定了，这一大市场可以在很长一个时期内发挥积极作用，为全球能源资源领域创造正面预期。

中国加快推进资源能源转型，将有力推动缓解甚至解决事关全球能源资源安全的根本问题。如前文所述，资源能源争夺之所以如此激烈，根本在于资源能源的有限性。推动技术进步、实现要素替代是解决纷争的一条重要途径。过去 10 年，中国加快推进资源能源转型，在全球发挥了重要引领作用，已经产生明显实际效应。2020 年 9 月，中国国家主席习近平在第 75 届联合国大会上宣布，中国二氧化碳排放力争于 2030 年前达到峰值，努力争取 2060 年前实现碳中和。同年 12 月，习近平主席又在联合国气候雄心峰会上进一步宣布中国国家自主贡献新举措，到 2030 年中国单位国内生产总值二氧化碳排放将比 2005 年下降 65% 以上，非化石能源占一次能源消费比重将达到 25% 左右。在替代能源应用方面，中国可再生能源发电装机和投资连续多年位居世界首位。据《人民日报》报道，截至 2021 年 10 月底，中国可再生能源发电累计装机容量达到 10.02 亿千瓦，占全国发电总装机容量的比重达到 43.5%，水电、风电、太阳能发电和生物质发电装机容量分别达到 3.85 亿千瓦、2.99 亿千瓦、2.82 亿千瓦和

3534 万千瓦，均稳居世界第一。据国际知名可再生能源研究机构"REN21"统计，2020 年中国新增可再生能源装机占到全球 45%，总投资额占全球的 28%，处于绝对领先地位。过去 10 年，我国陆上风电度电成本下降了约 40%，为下一步高比例、低成本、大规模发展创造了有利条件。2015 年至 2021 年，中国新能源汽车产销量已经连续 6 年保持全球第一，份额超过一半，2021 年新能源汽车销量达 340 万辆，已经成为全球最大的新能源汽车制造基地、研发基地，以及最大规模和最完善的产业链体系。

中国有关国际发展合作的主张，有利于弥合全球资源能源矛盾和鸿沟。全球资源能源关系大致经历了武力掠夺和经济掠夺两个阶段，前者突出表现为殖民者对被殖民者残酷的资源掠夺，后者表现为 20 世纪以来资本主义通过贸易对不发达地区的大肆掠夺。20 世纪 90 年代后，全球化迅猛发展，资源能源国家通过市场获得了一定好处，但仍然处于市场和话语权弱势地位，全球资源能源关系仍然严重不平等。为此，西方国家也提出不少旨在改善资源能源关系的倡议，包括通过联合国提出可持续发展倡议，提高资源能源国家的发展水平等，但是难以从根本上解决不平等问题。

2013 年，习近平主席提出"一带一路"倡议，欢迎全球各国参与全球互联互通建设，促进全球共同发展。多年来，共建"一带一路"已成为有关各国实现共同发展的大平台。2021 年，

在"一带一路"建设取得重大成果基础上，习近平主席又提出"全球发展倡议"，为从根本上解决全球发展不平衡问题、为实现共同发展提供中国智慧和中国方案。在中国共产党建党100周年之际，中国成功建成了小康社会，实现现有标准下的全面脱贫，为人类社会共同发展做出巨大贡献。应该说，资源能源领域很多问题，与中国所遇到的问题是类似的，这些倡议、经验、成就，实实在在摆在世界面前，对于解决这些问题有着直接意义。现在，"一带一路"建设、"全球发展倡议"、中国的减贫经验正在受到越来越多国家的关注、支持，也正在越来越多的国家和地区发挥着积极作用。

第八章

资源安全与人类命运共同体

着眼更长远的未来，实现全球资源能源深化合作、实现全人类共同发展，还需要更具智慧、更加宽厚的思想理念支撑。十八大以来，习近平总书记着眼中国人民和世界人民的共同利益，深入思考建设一个什么样的世界、如何建设这个世界等关乎人类命运的重大课题，高瞻远瞩地提出构建人类命运共同体重要理念。这是回答和解决当今世界面临的时代之问的中国方案，也是给世界人民带来福祉的人间正道。资源能源是一个全球高度相互依赖、互联互通、相互交融的领域，在挑战面前，没有哪个国家能够独自应对，也没有哪个国家能够回到自我封闭的时代。只要我们秉持人类命运共同体理念，坚持多边主义、走团结合作之路，世界人民就一定能够携手应对资源能源领域的各种问题挑战，实现共同发展。

2017 年，在中国共产党与世界政党高层对话会上，习近平主席深刻阐释人类命运共同体理念的丰富内涵，指出人类命运共同体，顾名思义，就是每个民族、每个国家的前途命运都紧紧联系在一起，应该风雨同舟、荣辱与共，努力把我们生于斯、长于斯的这个星球建成一个和睦的大家庭，把世界各国人民对美好生活的向往变成现实。在这一理念指引下，我们要建成一个普遍安全、共同繁荣、开放包容、清洁美丽的世界。这一阐释，对于推动资源能源领域合作、实现共同发展具有重要意义。

坚持对话协商，避免因为资源能源争夺而诉诸武力和强权。资源能源冲突是国际冲突的重要来源，避免资源能源冲突是维护世界和平、建设安全世界的重要任务，主要国家和地区都要将此作为维护国际安全的行动方向。国际社会要形成通过对话协商解决资源能源矛盾的共识，谴责为资源能源目的随意发动战争的行为，各国相互尊重，平等协商，在资源能源问题上坚决摒弃冷战思维和强权政治。大国之间要在相互尊重基础上管控矛盾分歧，平等对待小国，不搞唯我独尊、强买强卖的霸道。要强烈谴责利用资源能源操弄地缘政治、挑起地区冲突的行为，无论域外大国，还是地区国家，都不能因为一己之利而损害当地民众的生存权和发展权，更不能扩大战争而导致人道危机。

坚持共建共享，实现资源能源领域的普遍安全。世界上没有绝对安全的世外桃源，当然也不存在资源能源领域的绝对安全。一个国家的资源能源安全不能建立在别国的不安全之上，不能妄想把全世界的资源能源都攫为己有，也不能妄想随意支配全球资源能源价格，追求资源能源供应的绝对保障。资源能源已经形成世界大市场，一个地区出现危机，将迅速波及全球，任何一个国家都不可能高枕无忧，出现危机必须共同应对。世界任何国家面临的资源能源挑战都不可能仅成为本国的挑战，邻居的资源能源供应出了问题，也不能光想着扎好自家篱笆，而应该去帮一把。

一个国家即便能够暂时赢得地区资源之争，也将长期面临这种争端所带来的严重后患。要为地区建立资源共享机制。

坚持合作共赢，通过发展共同应对资源能源领域的各类挑战。发展是解决资源能源问题的总钥匙，适用于世界各国。资源能源挑战在全球层面得到缓解，对世界各国都有利。各国应该积极同世界分享自己在资源能源领域的先进技术、先进理念，帮助面临严峻资源能源挑战的国家改善条件。发达国家应该积极通过全球发展合作，为不发达国家提供技术、资金和管理方法支持，帮助后者尽快实现资源能源脱贫。要完善资源能源领域的全球治理架构，建立起广泛覆盖的治理机制，围绕资源能源在全球的流通配给、价格形成开展工作，及时有效应对各类能源资源市场冲击，将破坏降低到最小程度；要形成全球能源资源发展合作工作机制，将各类资源集中起来，发挥规模效应。

坚持开放包容，鼓励各国选择适合自身的资源能源安全发展道路。坚持世界是丰富多彩的、文明是多样的理念，各国情况千差万别，让各种合理、和平的资源能源安全道路都能自由发展，各自通过不同路径实现更高水平的资源能源安全。不能企图制定一套绝对正确的资源能源安全路线，要求所有的国家都遵照执行，更不能自我标榜本国的资源能源规划就是最先进的，硬性在全球推广。要谴责和抵制那种企图利用贸易、技术、标准来限制别国资源能源规划的做法。

坚持绿色低碳，实现资源能源安全的可持续发展。人与自然共生共存，伤害自然最终将伤及人类自身。应该遵循天人合一、道法自然的理念，在实现资源能源安全的同时，寻求永续发展之路。要倡导绿色、低碳、循环、可持续的生产生活方式，平衡推进可持续发展议程，采取行动应对气候变化，构筑尊崇自然、绿色发展的生态体系，保护人类赖以生存的地球家园。在实现资源能源全过程中，既要避免不顾一切只追求安全保障的做法，也要避免以一部分人的付出为代价换取另一部分人的绿色、低碳，而要实现公平正义的绿色低碳转型。

<「地球保护日」强调保护资源

资源安全新思路

参 考 文 献

1   Walter H. Voskuil, Coal and Political Power in Europe, Economic Geography, Vol. 18, No. 3 (Jul. 1942).

2   [美] 斯蒂文·佩尔蒂埃著，陈葵等译:《美国的石油战争》，石油工业出版社 2008 年版。

9

后语

以保障安全为前提构建现代资源体系

后语

　　资源与国家安全密切相关，是决定国家兴衰的重要变量。一般而言，资源安全是指一个国家或地区可以持续、稳定、及时、充分和经济地获取所需资源的状态。资源的可及性问题自人类出现伊始就已存在，但资源安全概念的提出却迟至20世纪后期。第一次石油危机后，以石油安全为核心的能源安全问题被提上西方发达国家的议事日程。此后，能源安全扩展为资源安全，内涵发生重要变化，逐渐成为国际社会共同面临的问题和全球治理的重要内容。资源安全的属性也逐渐从单一转向全面，从对抗走向合作。

　　在农业社会，人类生存与发展主要依赖于动植物等"地上"自然资源，而到了工业社会，煤炭、石油等"地下"能源和矿产资源成为工业发展的血液和国家现代化的重要动力。随着人类社会的进步和资源密集度的提高，资源安全与经济安全、生态安全乃至军事安全等的关系越来越密切，成为大多数国家安全战略的重要组成部分。不过，各国资源禀赋和发展阶段不同，对资源安全的理解和诉求存在诸多差异。西方发达国家主要关注市场稳定、地缘政治及环境可持续性，俄罗斯、中东等资源输出方更关心需求安全，而一些低收入国家则重点强调资源贫困和发展问题。

资源安全与国际政经格局有着紧密联系。资源安全既是许多国家政治与外交政策的主要目标，也是一些国家政治与外交政策的主要手段，资源主导权之争成为许多国际争端的根源和国际安全的重要议题。全球资源总量相对充足，但地域分布不均，市场短缺仍存。人口增长趋缓和技术进步等使全球性资源枯竭的可能性降低，但供需失衡、地缘政治和市场博弈、自然灾害等引发的短缺仍不可避免。全球资源治理持续推进，但局部中断和国际博弈仍存。各国资源安全诉求存在较大差异，国别或地区政治动荡、贸易保护主义、单边主义及地缘政治博弈此起彼伏。

传统的资源安全问题基本局限于油气等能源和矿产资源领域，主要侧重供应风险和地缘政治博弈。随着气候变化和生态环境问题日益突出，资源安全的外延逐渐扩展到大气、空间乃至信息等诸多新领域，内涵也越来越丰富。资源的使用安全和经济竞争性等受到越来越多的关注，国际社会越来越强调要以环境和经济可持续的方式保证供应。特别是在全球碳中和加速推进的大趋势下，诸多新型资源安全问题日益凸显。未来的资源安全将是一个新型、立体和多元的概念，包括油气、电力、可再生能源、关键矿产资源和新兴资源等众多种类，涵盖供应安全、使用安全、需求安全及综合安全等诸多内容。

2021年下半年的全球"能源荒"使国际社会认识到能源安

全依然是经济发展和国家安全的重要基础，全球碳中和目标的实现离不开低碳发展与能源安全的平衡。从长期看，发展新能源和可再生能源可以更好地保障相关国家的能源供应安全，但能源转型需渐进、稳妥推进，激进的、过快的能源转型将不可避免带来能源供应冲击。在碳中和大趋势下，多国低碳减排政策频出，提高了化石能源成本，使传统能源生产和投资需求受到抑制，供给弹性降低。《巴黎协定》以来，全球拟建煤电项目下降了 75%。从 2018 年起，英国的能源供应商由 70 家减少到了 40 多家。总体看，在现有技术条件下，可再生能源占比越高的国家，传统能源供应安全风险就越大。

21 世纪，国际社会有望迎来"电力世纪"，能源安全的重点领域将逐渐由石油转变为电力，电力将逐渐成为越来越多国家能源安全保障的核心。电力安全关系国计民生，与政治、经济、网络、社会等诸多领域密切关联，是国家安全的重要保障。在碳中和目标约束和全球"去煤化"加速的趋势下，波动性、随机性强的可再生能源大规模进入电力系统，对电力安全提出了更高要求。与此同时，极端天气、基础设施老旧、监测不力等引发的国际电网大停电事故接连不断。2008—2017 年美国电网年平均停电次数为 3188 次，最近 5 年年均停电事故超过 3000 次。能源系统的电气化、网络化和智能化发展，将使网络安全成为能源安全重要的组成部分。据统计，1990 年至今全球约 138 件大停电事故中，网络攻击原因约占 3%。

能源低碳转型的快速推进使锂、钴、镍、稀土等关键矿产资源的安全问题进一步凸显。全球能源低碳转型也意味着能源系统从燃料密集型向材料密集型转变。全球能源低碳转型导致铜、锂、镍、钴和稀土等关键矿产资源的需求激增。2021 年 5 月，国际能源署（IEA）报告预测，在现行政策情景和可持续发展情景下，2040 年全球关键矿产需求总量将分别为 2020 年水平的 2—4 倍。但关键矿产全球供应链存在地理分布集中、项目开发周期长等特点，不断扩大的需求使关键矿产资源全球供应面临诸多风险。

2021 年"能源危机"的发生表明，随着能源转型的推进，涌现出许多新型能源安全风险，维护能源安全面临的约束条件日益多元，但塑造能源安全的条件手段也更加多元。当前要维护能源安全，不仅要推进实施能源安全大战略，还要实时关注转型技术、减排趋势、原材料、网络、消费市场、社会转型等诸多方面。这需要中国正视转型期能源安全面临的挑战，进一步增强能源持续稳定供应的能力，更好地把能源饭碗端在自己手里。

面对转型过程中的新型资源安全问题，中国需要保持足够的定力和耐心，构筑高水平的资源安全体系。中国资源消费随经济转型出现增速放缓趋势，但总量持续增加，污染治理和清洁能源发展成效显著但结构优化任重道远。"双碳战略"将贯穿中国现代化建设全过程。为更好平衡能源安全与低碳转型，应综合利用调控和市场手段，渐进推进化石能源替代，大幅提高天然气和新能源占比，以保障安全为前提构建现代能源体系。应充分考虑资源禀赋和发展阶段，坚持稳中求进，纠正"运动式"减排。维护安全与发展的平衡，不能因噎废食，把握好低碳转型节奏，先立后破。

在完善资源安全保障体系的同时，需要激发市场活力，实现经济高质量发展。实现碳达峰碳中和是一场广泛而深刻的经济社会系统性变革。在加快构建目标明确、措施有力的碳中和政策体系的同时，充分发挥市场在资源配置中的主导作用，做好行业分工，"上帝的归上帝，凯撒的归凯撒"。资源价格的变化，是市场提供给供需双方和监管者的宝贵信号，一个运行完善的市场，应该能够准确、即时地将供需情况反映到价格上。习近平总书记强调，应"坚定不移推进改革，还原能源商品属性，构建有效竞争的市场结构和市场体系，形成主要由市场决定能源价格的机制，转变政府对能源的监管方式，建立健全能源法制体系"。

面对百年大变局、新冠肺炎疫情冲击及低碳转型等阵痛和迷茫，国际社会需要避免激进和极端主义。2008 年金融危机后，民粹主义回潮，气候成为欧美政党赢得选票的关键议题。在气候变化已经成为"政治正确"的许多欧洲国家，存在"逢碳必反"的气候变化"新宗教"风险。许多国家在政策制定上忽略了持续的经济增长、稳定的资源供应和最低的社会成本等约束条件。面对不断加剧的天然气短缺，欧洲及德国政客们还是宁愿让老百姓承受气荒而推迟"北溪—2号"的投运。以保障油气供应安全为初衷而成立的国际能源署，在 2021 年年中报告中甚至提出："如果要在本世纪中叶实现全球碳中和，油气投资必须马上停止。"

国际社会在追求气候中立和可持续发展的同时，应积极争取气候治理和低碳转型的政治中立，失去政治中立将极大妨碍全球碳中和行动的顺利推进。令人遗憾的是，当今气候变化问题政治化倾向日趋明显，逐渐成为一种国际政治博弈的新工具。欧盟积极推动"碳边境调节机制"，恐引发新一轮贸易保护主义。2021 年 12 月 13 日，俄罗斯正式否决了联合国安全理事会的一项旨在把气候变化和全球安全正式联系起来的气候决议草案。普京称，气候议程及向碳中和过渡"不应成为不公平竞争工具"。为顺利推进全球低碳转型，各国需以建设者而非竞争者的姿态深化国际合作，缩小全球"碳中和鸿沟"。

图书在版编目（CIP）数据

资源能源与国家安全 / 总体国家安全观研究中心，中国
现代国际关系研究院著 . — 北京：时事出版社，2022.4
（总体国家安全观系列丛书 . 二）
ISBN 978-7-5195-0478-6

Ⅰ . ①资… Ⅱ . ①总… ②中… Ⅲ . ①能源—关系—国
家安全—研究—中国 Ⅳ . ① TK01 ② D631

中国版本图书馆 CIP 数据核字（2022）第 057729 号

出版发行：时事出版社
地　　址：北京市海淀区彰化路 138 号西荣阁 B 座 G2 层
邮　　编：100097
发行热线：（010）88869831　88869832
传　　真：（010）88869875
电子邮箱：shishichubanshe@sina.com
网　　址：www.shishishe.com
印　　刷：北京良义印刷科技有限公司

开本：787×1092　1/16　印张：18.25　字数：170 千字
2022 年 4 月第 1 版　2022 年 4 月第 1 次印刷
定价：60.00 元

（如有印装质量问题，请与本社发行部联系调换）